명화로 만나는 생태

국립생태원 참여 연구원

[정보제공 및 감수]

고병록(포유류)	고은하(동물행동생태)	김두환(동물관리)
김영건(포유류)	김영민(포유류)	김영채(포유류)
문혜영(미술사)	박희복(포유류)	우동걸(포유류)
윤광배(포유류)	임정은(포유류)	장지덕(동물관리)
전주영(포유류)	최진(포유류)	

[기획위원]

강종현(생태교육)	김경순(복원연구)	김영건(복원연구)
문혜영(미술사)	박상홍(생태전시)	박영준(연구정책)
유연봉(출판기획)	이진원(출판기획)	이태우(생태조사)
차재규(생태평가)		

명화 선정 자문

이주헌(미술평론가)

명화로 만나는 생태

❶포유류

발행일 2023년 6월 23일 초판 3쇄 발행

글 김성화·권수진 | 그림 조원희
발행인 조도순 | 기획 국립생태원
책임편집 최인수 | 편집 문혜영
외주진행 공간D&P(편집 임형진 | 디자인 권석연)
발행처 국립생태원 출판부
신고번호 제458-2015-000002호(2015년 7월 17일)
주소 충남 서천군 마서면 금강로 1210 / www.nie.re.kr
문의 041-950-5999 / press@nie.re.kr

ⓒ 김성화, 권수진, 조원희, 국립생태원 National Institute of Ecology, 2021
ISBN 979-11-6698-001-5 74400 979-11-6698-000-8 (세트)

[일러두기]
명화 정보는 작품명, 작가명, 제작 연도, 소장처 순서입니다. 정보가 없을 경우 표시하지 않았습니다.

⚠ **주의** 다칠 우려가 있습니다. 본 도서를 던지거나 떨어뜨리지 않도록 주의하십시오.

★ 환경 보전을 위해 친환경 용지를 사용하였습니다.

명화로 만나는 생태

① 포유류

글 김성화·권수진 / 그림 조원희

국립생태원
NIE PRESS

명화로 만나는 포유동물 이야기

영원히 멈춰 버린 그림 한 장면일 뿐이지만 명화 속엔 이야기가 숨어 있어!
무심코 바라본 그림이 갑자기 나에게 말을 걸어오는 것 같을 때가 없었어?
이유 없이 왈칵 눈물이 쏟아졌던 적은?
아직 그런 적이 없었다면, 기다려! 언젠가 너에게 말을 걸어오는 그림 한
점을 만나게 될지 몰라. 전혀 슬픈 그림이 아닌데도! 어떤 그림은 보는 순간
울게 될 수도 있어.
그런가 하면 그림을 오래오래 들여다볼 때 무슨 일인가 일어나기도 해.
언제, 누가, 왜, 어떻게 그렸는지 궁금해지고 알게 돼. 그림 속 이야기가
보여!
이 책에 나오는 그림에도 이야기가 숨어 있어. 모두가 알 만한 유명한
그림도 있고, 처음 보는 그림도 있을 거야.
이 책에 나오는 그림들 속엔 모두 동물들이 그려져 있어. 사자, 호랑이, 치타,
늑대, 여우, 곰, 족제비, 원숭이, 코끼리, 사슴, 영양, 들소, 기린, 낙타,
하늘다람쥐, 쥐, 토끼, 고슴도치, 돌고래, 박쥐!
동물이 주인공인 그림도 있고, 커다란 그림 속에 보일락 말락 동물이 숨어
있는 그림도 있어.

이 책에 나오는 동물들은 모두 포유동물이야.

박쥐도? 고래도? 그렇다니까! 박쥐는 하늘을 날고 고래는 바닷속에 살지만 새끼를 낳아 젖을 먹여 길러. 박쥐는 가장 작은 포유동물의 하나이고, 고래는 가장 커다란 포유동물이야.

포유동물은 지구에 가장 늦게 번성한 종족이야.

지금으로부터 6500만 년 전, 지구는 파충류의 천국이었어. 따뜻하고 습해서 식물들이 엄청난 크기로 자랐고, 거대한 초식 공룡과 초식 공룡을 먹는 육식 공룡이 번성했어. 파충류가 지구에 번성했을 때 포유동물의 종은 그렇게 많지 않았고, 쥐처럼 조그만 몸집을 가지고 거대한 파충류를 피해 살금살금 밤에만 먹이 활동을 하던 연약한 동물이었어.

6500만 년 전, 거대한 운석이 지구와 충돌해, 먼지구름이 태양빛을 가리고 지구는 점점 추운 곳으로 변해 갔어. 추위에 적응하지 못한 식물과 거대한 동물이 거의 사라지고, 지구는 작고 재빠른 포유동물의 시대가 되었어.

이제 포유동물은 다양한 종으로 진화해서 5800여 종이나 살고 있어. 크기도 살아가는 방법도 제각각이야. 거기에 우리도 속해 있어.

그림 속 포유동물들과 눈을 마주쳐 봐. 동물들이 무슨 이야기를 들려주는지!

사자 굴의 다니엘
페테르 파울 루벤스, 1614~1616년, 워싱턴 국립 미술관

사자

어흥! 사자 굴 속에서 다니엘이 기도를 올리고 있어. 다니엘이
누구냐고? 지금부터 2500년 전, 이스라엘이 페르시아의 지배를 받고
있었을 때의 이야기야.

다니엘은 이스라엘의 왕족이었는데, 포로로 끌려가 페르시아 왕의
신하로 살게 되었어. 다니엘은 총명하고 지혜로웠기 때문에 왕의
총애를 받았어. 그럴수록 다니엘을 시기하는 신하들이 늘어 갔어.
다니엘을 몰아내고 싶었지만, 흠을 찾을 수 없었기 때문에 신하들은
왕에게 새로운 법을 만들게 했어. 왕의 위엄을 드높이는 일이 될
거라면서 한 달 동안 왕 외에는 어떤 사람이나 신에게도 간청하지
못하도록 칙령을 내리라고 말이야. 폐하! 칙령을 어기는 사람은
사자 굴에 던져 넣으셔야 합니다. 왕이 우쭐해서 승낙했어.

신하들은 다니엘이 신실하게 하나님을 믿는 사람이었기 때문에
하루에 세 번 창문을 열고 기도하는 것을 알고 있었어!
신하들의 계략을 알면서도 다니엘은 믿음을 지켰어. 늘 하던 대로
아침과 점심과 저녁에 예루살렘이 있는 곳을 향하여 창문을 열고
하나님께 기도했어. 왕은 뒤늦게야 신하들의 간계를 알아차리고
후회했지만 소용없었어. 법이 집행되었고 다니엘은 사자 굴속으로
던져졌어. 굴속에는 배고픈 사자들이 우글거리고 있어.
루벤스의 그림 속 장면이 바로 그 순간이야! 루벤스는 성경에 나오는
유명한 다니엘의 이야기를 그림으로 그린 거야. 그림 속 사자들을 봐.
다니엘 바로 옆에 있는 사자는 송곳니를 드러내며 포효하고 있어.
하지만 도리어 다니엘을 지키고 보호하는 자세야. 뒷줄의 사자들은
적들이 가까이 오지 못하게 경계하는 눈빛이야. 다니엘의 발치에 있는
사자 2마리는 커다란 강아지처럼 엎드려 있어. 아침에 왕이 사자 굴로
달려왔을 때 다니엘은 털끝 하나 상하지 않고 왕을 뵈었어. 사자
굴속엔 다니엘을 모함하던 신하들이 던져져 사자의 밥이 되었고.
400년 전, 사진도 없었을 때에 루벤스는 어떻게 이렇게 생생하게
사자들을 그렸을까. 진짜보다 더 진짜 같아!
사자의 풍성한 갈기와 암사자의 뒤태를 봐. 제각기 다른 곳을
바라보며 앉거나 서거나 엎드린 사자들의 모습이 마치 아프리카
초원의 사자들을 보는 것 같아!

사자는 외톨이 사냥꾼 생활을 버리고
무리지어 사는 유일한 고양잇과 동물이야.

우두머리 수사자 1마리와 어린 사자들이야.
친척 사이인 암컷 여러 마리가 함께 살아.

사자들이 왜 무리를 지어 살게 되었을까?

호랑이도 표범도 치타도 재규어도 혼자 사냥을 하고 혼자 새끼를
돌보는데 말이야.

사자는 수사자 1마리와 암사자 여러 마리가 함께 살며 새끼를 길러.

어린 암사자는 다 자라도 무리에 남을 수 있지만, 어린 수사자는
자라면 무리를 떠나야 해. 암사자들이 사냥을 맡고 수사자는
포효하며 영역을 지켜.

수사자는 목에 난 풍성한 갈기로 위엄을 과시하지만 뜨거운
초원에서는 무성한 갈기 때문에 격렬하게 움직이면 체온이 급격히
올라가 사냥을 하기 힘들어.

어둑어둑해지면 암사자들이 먹이를 찾아 나서. 암사자들은 사냥감을
향해 시속 80킬로미터로 달릴 수 있어.

동물의 왕이라 불리지만 사자들이 언제나 사냥에 성공하는 것은
아니야. 암사자 여러 마리가 힘을 모아도 사냥을 나가면 네 번에 한
번 정도만 사냥에 성공해. 사자들이 먹이를 사이좋게 나눠 먹을 거라
생각하면 오산이야. 우두머리 수컷이 먹고 나면 싸움이 시작돼.
먹이가 부족하면 싸우다가 상처를 입기도 해.

정작 사냥을 해 온 암사자들도 제대로 먹지 못한다니까. 사냥은
사나흘에 한 번 하고, 큰 동물을 잡았을 때만 배부르게 먹어. 굶주린
암사자들이 다시 사냥에 나서.

수사자가 암사자보다 훨씬 힘이 세지만, 몸집이 크고 느려서 사냥은 잘 못해.
무성한 갈기도 사냥할 땐 쓸모가 없어.

사냥은 암사자가 훨씬 잘해!

초원의 그늘에서 동물들의 왕으로 빈둥거리면서 사는 것 같지만
사자의 삶은 고달파. 우두머리 수사자가 무리를 지켜도
호시탐탐 젊은 뜨내기 수사자들이 주변을 어슬렁거려. 암사자가
뜨내기 수사자와 짝짓기를 하기라도 하면 무시무시한 일이 벌어져.
새로운 수사자가 우두머리를 위협해. 우두머리를 쫓아내고 새로
우두머리가 된 수사자는 다른 수사자의 새끼들을 모조리 물어 죽여.
사자 무리에서 수컷 새끼 사자가 두 살까지 살아남을 확률은 겨우
12퍼센트야.

우두머리가 바뀌면
젊은 수사자들은 무리를 떠나야 해.

어린 새끼를 거느린 암사자들도 떠나. 암사자들은 다른 무리에 쉽게
받아들여지지만 수사자들은 그렇지 못해. 떠돌이 사자가 되어
자기들끼리 사냥을 하거나 새로운 무리를 찾아야 해. 하지만 그게
쉬운 일이 아니야. 늙은 사자에게 도전장을 내밀어 스스로
우두머리가 되거나 싸우다가 죽을 수도 있어.
쫓겨난 우두머리 사자의 최후는 훨씬 더 비참해. 혼자 사냥을 하는 건
엄두도 못내. 다른 무리를 기웃거리다가 혼쭐나거나 상처를 입고

쫓겨나. 하이에나 무리에게 괴롭힘을 당하다가 죽기도 해.

사자의 삶은 점점 더 힘들어졌어. 초원에 얼룩말과 영양 떼가
사라졌기 때문이야. 먹이가 부족해져서 사자들이 가축을 공격하는
일이 잦아지자, 사람들이 사자를 사냥하기 시작했어. 원주민들은
창과 화살로 사자를 사냥했지만, 유럽과 미국에서 최신 병기로
무장한 백인들이 재미로 사냥을 하기 위해 아프리카로 몰려왔어.
오직 사자 가죽을 전리품으로 가져가려고 말이야. 고향으로 돌아가면
사자를 때려눕힌 영웅으로 칭송을 받았어. 하지만 사람들이 속은
거야. 사자는 위험에 부딪혀도 결코 숨거나 물러서지 않기 때문에
사자를 사냥하는 데는 그리 대단한 용기나 기술이 필요 없어.

옛날에는 유럽과 아시아, 아프리카 대륙 여러 곳에 사자가 살았어.
유럽에 살던 사자는 오래 전에 사라졌어. 북아프리카에 살던 위엄
있고 잘생긴 바바리사자는 100년 전쯤에 멸종했어. 1922년 마지막
바바리사자가 죽임을 당했어.

남아프리카에 살던 케이프사자도 사라졌어. 1858년, 마지막 케이프
사자가 총에 맞아 죽었어. 아시아사자는 인도의 보호 구역에
500마리 정도가 남아 있을 뿐이야. 아프리카의 야생 동물 보호
구역에 사자 무리가 살고 있지만 그 수가 점점 더 줄어들고 있어.
머지않아 아이들은 사자를 사진으로밖에 볼 수 없게 될지도 몰라.

獰猛虎牙�’說’（…）逢愁生東海
老黃公
于今跋扈橫行者誰識入中
此顙同

甲午南呂

용맹한 호랑이
조선 시대, 국립 중앙 박물관

호랑이

흡! 호랑이가 똑바로 너를 보고 있어! 정면으로 눈이 마주친다면
정말로 무서울 거야. 하지만 그림이니까 우리도 용감하게 호랑이를
마주 볼 수 있어. 호랑이를 뚫어지게 봐. 지금은 낮인 것 같아.
호랑이의 눈동자가 호박씨만큼 가늘고 작아. 밤이라면 눈동자가 훨씬
커다랗게 열렸을 거야. 이상해. 호랑이의 눈동자는 동그란데 그림 속
호랑이의 눈은 한낮의 고양이 눈이야. 어쩌면 화가도 호랑이의 눈이
정확히 어떻게 생겼는지 몰랐을 거야. 하하, 호랑이 눈을 똑바로
쳐다보고도 무사한 사람이 있었겠어?
호랑이의 얼굴이 정면으로 앞을 향하고 있는데도 호랑이의 모습이
한눈에 다 보여. 수염 한 오라기부터 힘차게 말려 올라간 꼬리까지!
터럭 한 올 한 올은 또 어떻고! 호랑이가 정말로 살아있는 것 같아!

이 그림은 누가 그렸는지 몰라. 조선 시대에 그려진 〈맹호도〉라는
것밖에는. 말 그대로 용맹한 호랑이 그림이라는 뜻이야. 하지만
이 호랑이를 그린 화가는 실력이 대단한 화가가 틀림없어. 화폭에 가득
찬 호랑이를 봐. 여백이 거의 없이 호랑이로 꽉 찬 덕분에 호랑이의
위용이 그대로 느껴져. 호랑이가 그림 속에서 금방이라도 튀어나올
것만 같아. 100여 년 전만 해도 우리 땅 곳곳에 살았던 우리나라의 호랑이야.
호랑이는 지구상에서 가장 아름다운 동물 중 하나야. 고양잇과 동물
중에서 가장 크고 용맹한 맹수 중의 맹수야. 그런데 말이야. 사자가
클까? 호랑이가 클까? 사자가 백수의 왕이라지만 홀로 당당한
호랑이의 위용에는 맞서지 못해. 그중에서도 우리나라에 살았던
호랑이는 호랑이 중의 호랑이였는걸.
우리나라 호랑이는 북방계의 아무르호랑이야. 만주호랑이,
시베리아호랑이, 한국호랑이, 백두산호랑이라고도 불려. 씩씩하고
생김새도 아주 잘 생겼어. 영하 30도가 넘는 추운 곳에 살기 때문에
덩치가 아주 컸어. 남방계의 열대 호랑이는 더운 곳에 살고 덩치가 더
작아.
그거 알아? 호랑이 한 마리 한 마리마다 줄무늬가 달라. 줄무늬는
호랑이의 지문과 같아.
호랑이 생태학자는 호랑이의 줄무늬 모양을 보고 호랑이를 한 마리
한 마리 구분해.

아무르호랑이는
등색이 옅고 줄무늬 간격이 넓어.
야생에서 가장 커다란
호랑이였는데, 마구 사냥해서
거의 멸종되었어.

뱅골호랑이는
열대 호랑이 중에서 가장 커.
등색이 짙고
줄무늬 간격이 좁아.

옛날에는 우리나라에 호랑이가 많이 살았어. 조선왕조실록에도
호랑이가 출몰한 기록이 많이 나와. 인왕산 성 밖에 호랑이가
출몰하여 나무꾼을 잡아먹었다는 이야기, 경복궁 뒤뜰에 호랑이가
들어왔다는 기록이 있어. 어느 해 겨울에는 경상도에서만 수백 명의
사람이 호랑이에게 물려 죽었고, 경기도에서 한 달 동안 120명이
호랑이에게 희생되었다는 기록이 있을 정도야.

하지만 호랑이는 조심성이 아주 많은 동물이야. 웬만해서는 먼저
사람을 공격하지 않아. 호랑이가 사람을 덮칠 때는 어미 호랑이가
새끼와 함께 있을 때이거나, 갑자기 사람과 마주쳐서 호랑이가 더
놀랐을 때라는 거야. 아니면 너무 늙은 호랑이이거나 호랑이가
부상을 입어서 오래도록 먹이를 구하지 못했을 때야. 그런데도 옛
기록이나 전설 속에 호랑이에게 잡혀간 사람의 이야기가 많은 걸
보면, 우리 땅에 호랑이가 얼마나 많이 살았는지 짐작할 수 있어.

하지만 우리 땅에서 이제 호랑이를 볼 수 없어. 남한의 마지막
호랑이는 1924년 강원도 횡성에서 붙잡혔어. 북한에서는 1946년
평안북도 초산에서 잡힌 게 마지막이야. 그 뒤로도 어딘가에
호랑이가 살아 있었을지도 모르지만 발견된 적이 없어.

그 많던 호랑이가 어떻게 사라져갔을까?

일제 강점기에 일본이 우리 땅에서 호랑이를 절멸시키려 했어.
일본에는 호랑이가 없는데, 우리 땅에 살고 있는 위풍당당한

호랑이를 우리 겨레의 혼이 담긴 영물로 여겼기 때문이야. 일본 군대와
포수들이 대대적으로 호랑이를 사냥했어. 전쟁이 일어나고, 숲이
사라지고, 호랑이의 먹이인 사슴과 멧돼지도 사라져 갔어. 호랑이는
우리 땅에서 영영 자취를 감추었어.
중국과 러시아에서 시베리아호랑이를 들여와 한국호랑이를
복원시키려 하지만, 동물원의 호랑이를 진정한 호랑이라 할 수
있을까? 야생에서 호랑이를 복원시켜야 하는데 그건 매우 어려워.

호랑이에게 어마어마한 영역이 필요하기 때문이야!

사냥과 짝짓기를 위해 수컷 호랑이 1마리에게 필요한 영역이 서울
면적의 2배라면 믿을 수 있겠어?
수컷 호랑이는 1년에 고기를 3600킬로그램쯤 먹는데 그러려면 사슴을
1년에 76마리 사냥해야 해. 숲속에 호랑이의 먹이가 부족해. 하지만
호랑이 연구자들은 바라고 있어. 우리 땅에 호랑이가 다시 돌아오기를.
호랑이 연구자들이 러시아에 마지막 남은 아무르호랑이들을 추적하고
있어. 송신기를 달고, 개체 수를 조사하고……. 호랑이가 야생에서
어떻게 살아가는지 알기 위해 발자국을 쫓고 있어!

호랑이 발자국은 이렇게 생겼어!

날카로운 발톱이 있지만 발톱 자국은 찍히지 않아.
커다란 몸집으로 소리도 없이 조용히 걸어.

호랑이는 사냥할 때는 더 조용히 집중해! 후각보다는 청각과 시각을
이용해 마치 투명 호랑이처럼 먹이에 다가가. 먹잇감이 알아채기 전,
순간 점프력으로 쓰러뜨려. 사냥한 먹이는 항상 어딘가로 옮겨.
먹이를 숨길 만한 곳을 찾아 몇 백 미터를 질질 끌고 갈 만큼 힘이 세.
호랑이는 무리를 짓지 않고 혼자서 살아. 새끼를 기를 때면 암컷과 수컷,
새끼가 잠깐 함께 머물기도 하지만 대부분 혼자서 지내.
갓 태어난 새끼의 몸무게는 겨우 1킬로그램이야! 어른 호랑이의
무게보다 150배나 작아. 사람의 아기는 어른보다 15배 작은 정도인데,
새끼 호랑이가 얼마나 작은지 짐작이 돼? 그렇게 작은 새끼 호랑이가
1년 반이면 커다랗게 자라고 세 살이 되면 다 자라 어미 곁을 떠나.
자기 영역을 찾아 드넓은 곳으로 떠돌아.
호랑이가 야생에서 사냥하는 걸 직접 본 사람은 거의 없어. 야생에서
어미 호랑이와 갓난 새끼를 보는 건 너무 어려워. 어미 호랑이와 굴속
새끼 호랑이의 세계는 비밀로 가득 차 있어.
인간은 아직도 호랑이에 대해 제대로 알지 못하는데 전 세계의
호랑이가 멸종 위기에 놓여 있어. 지구에 호랑이가 겨우 몇 천
마리밖에 남지 않았어! 호랑이 뼈가 비싼 한약재로 팔리기 때문에
밀렵을 당하고, 숲이 사라져 호랑이는 점점 더 좁은 지역으로
내몰리고 있어.

바쿠스와 아리아드네
티치아노, 1520~1523년, 런던 국립 미술관

치타

헉, 이게 다 뭐야? 지중해의 파란 하늘과 구름, 나무들과 바다를
배경으로 요란한 일이 벌어지고 있어. 붉은 망토를 휘날리며 바쿠스
신이 전차에서 뛰어내려! 첫눈에 반한 아리아드네 공주를 구하려는
거야. 어떻게 된 거냐고? 술에 취한 바쿠스 신이 일행과 함께 축제를
즐기러 가는 길에 방금 연인에게 버림받은 공주를 발견했지 뭐야.
저 멀리 바다 위로 멀어져 가는 배가 보여? 아리아드네 공주의 연인이
방금 배를 타고 떠났거든.
그리스 신화에 나오는 신들의 이야기야. 일행은 난봉꾼 바쿠스 신의
패거리들이야. 500년 전에 이탈리아의 위대한 화가 티치아노가
그렸어. 바쿠스의 전차를 몰고 있는 동물이 보여? 치타 2마리가
전차를 몰고 있어!

치타가 전차를 몬다고? 그럴 리가! 알폰소 공작이 화가에게 그림을
주문했을 때, 공작의 동물원에서 치타를 사육하고 있었기 때문에
화가가 특별히 그려 준 거야. 옛날에는 귀족들이 치타를 훈련시켜
사냥에 데리고 다녔어.

치타가 전차를 몬다면 스포츠카처럼 순식간에 엄청난 속도를 냈을
거야. 하지만 바쿠스를 태우고 그리 오래 달리지는 못했을 거야.
왜냐하면 치타는 단거리 육상 선수거든.

치타는 빨라! 달리기 시작하면 3초 만에 시속 110킬로미터로 달려!
치타보다 빨리 그런 속도에 도달할 수 있는 자동차는 슈퍼 스포츠카
몇 대 뿐일걸. 하지만 풀로 뒤덮인 초원에서 그렇게 할 수 있는
자동차는 없어.

치타는 사자와 호랑이, 표범과 같은 고양잇과 동물이지만, 그런
맹수들과는 달리 신체에 약점이 많아. 맹수라면 모름지기 커다란
얼굴이 위협적이어야 하고 강한 턱과 이빨로 먹이를 공격할 수 있어야
하는데 치타는 그렇지 못해. 얼굴은 조그맣고 턱이 약하고 이빨도 작아.
그 대신 그 어떤 육식 동물보다도 빠르게 달려! 치타는 엄청난 달리기
속력으로 단번에 먹이에 달려들어 숨통을 끊어 사냥감을 질식시켜.
그런 다음에야 살코기를 조금 먹어. 하이에나가 오기 전에 허겁지겁
먹어야 한다니까. 치타의 삶은 무척 고달파. 무리를 지어 사냥하지도
않고, 혼자 외롭게 달리며 사나흘에 한 번 겨우 사냥에 성공해.

치타의 사냥 무기는
세상에서 가장 빠르게 달리는 거야!

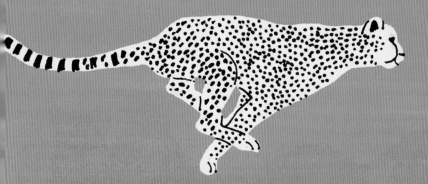

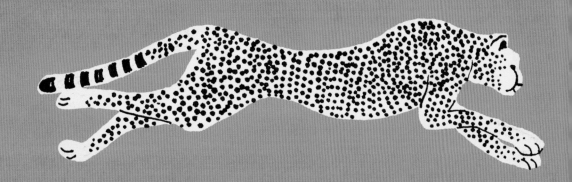

등뼈를 활처럼 굽혔다가 튕기듯 나아가며 순식간에 속도를 내.
꼬리로 균형을 잡고, 재빠르게 방향을 바꿀 수도 있어!
얼굴이 작아서 공기가 곧바로 기도를 통과해서
가슴 깊숙한 곳의 폐로 들어가. 치타는 폐활량이 아주 커!

하지만 치타는 오래 달리기는 못해! 빠르게 달리며 순식간에 엄청난
에너지를 쓰기 때문이야.

치타는 가젤영양, 임팔라 같은 중소형 동물을 사냥해. 녀석은
달리면서 치타보다 더 빨리 방향을 바꿀 수 있어. 짧은 거리에서
전속력으로 달려 먹이를 잡지 못하면 사냥을 포기해야 해.

한 번 사냥을 나가 전속력으로 내달리면 체온이 급상승하고 산소가
모자라게 돼. 그럼 열을 식히느라 한참을 쉬어야 한다니까.

치타는 표범, 사자, 하이에나를 피해 낮에 사냥을 해.

시력이 아주 좋아서 몇 킬로미터 밖에 있는 먹이도 볼 수 있어. 그래서
나무줄기나 흰개미 둔덕에 올라, 멀리 보며 목표를 정해. 먹이에
다가갈 때까지 70킬로미터의 속도로 달리다가 50미터로 가까워지면
그때부터 전속력을 내. 20초 만에 먹이의 숨통을 끊어야 해.

휴! 치타는 달리며 사냥을 하기 때문에 탁 트인 초원에서만 살아.

초원은 치타에게 좋기도 하고 나쁘기도 해. 초원은 멀리까지
사냥감을 관찰하기에 좋은 장소이지만 새끼를 낳으면 숨길 곳이
없어. 어미 혼자 새끼를 기르는데, 얕은 풀 더미에 새끼를 숨겨 두고
사냥을 나가.

어미가 사냥을 나간 사이에 새끼의 90퍼센트가 죽어. 어미 치타가
사냥에서 돌아와 죽은 새끼를 입에 물고 하염없이 초원을 바라봐.
그렇게 새끼를 잃어버린 적이 몇 번인지 몰라.

치타의 눈 밑에는 까맣고
기다란 줄이 2개 있는데,
'검은 눈물'이라 불려.
낮에 사냥을 하기 때문에
눈부신 햇빛을 막기
위한 거야.

치타는 석 달 동안 배 속에 새끼를 품고, 한 번에 3~4마리의 새끼를 낳아. 새끼를 낳으면 사냥을 나갈 때에도 사냥에만 골몰할 수 없어. 멀리서도 귀를 쫑긋 세우고 새끼들이 낑낑대는 소리를 들어. 사냥에 집중해야 하지만 마음은 온통 새끼에게 가 있어. 사냥에 성공해도 새끼를 먹이느라 어미는 굶을 때가 더 많아. 굶주린 배를 안고 다시 사냥을 나가. 네 번 사냥을 나가면 한두 번 성공할 뿐이야.

새끼가 5개월까지 살아남으면 안심이야. 1년 6개월이 될 때까지 어미에게 사냥 놀이를 배워. 1년 6개월이 지나면 새끼들도 독립해. 초원에서 치타들이 살아남기는 점점 더 힘들어지고 있어.

사람들이 숲을 개간해서 야생 동물의 서식지가 점점 더 줄어들고 먹이가 부족해. 치타는 에너지를 소모하며 더 먼 거리를 다니며 사냥해야만 해.

옛날에 치타는 아프리카 대륙과 아시아 남부의 모든 곳에 살았어. 다른 대형 동물들과 마찬가지로 1900년대에 사냥으로 치타의 수가 급격하게 줄어들었어. 재미로 사냥하고, 초원과 사람들이 사는 곳이 점점 가까워져서 가축을 보호하려고 죽였어. 아프리카에 7000마리 정도가 남아 있지만 그 수는 점점 더 줄어들고 있어. 아시아에는 이란의 야생 동물 보호 구역에 50마리 정도가 살고 있을 뿐이야. 이제 아프리카에 남아프리카치타, 탄자니아치타, 수단치타, 북서아프리카치타 정도만 살아남았어. 하지만 북서아프리카치타는 개체 수가 너무 적어. 아시아치타와 마찬가지로 거의 멸종될 위기야.

치타의 서식지가 빠르게 황무지로 변하고 있기 때문이야!

풀이 사라지고 가시투성이 아카시아가 무성하게 자라, 초원을
질주하며 사냥을 해야 하는 치타들을 위협하고 있어. 덤불에 찔리고
눈에 상처를 입어. 사냥을 하지 못해 치타들이 굶어 죽어 가.
치타의 개체 수가 너무 적고 유전자가 다양하지 못해서 전염병이
퍼지거나 환경이 조금만 바뀌어도 위험해. 유전자가 다양하지 못한데
그 수가 점점 더 줄어들어, 치타들은 점점 더 가까운 친척끼리
짝짓기를 해야만 해.
치타를 사로잡아 번식시키는 것은 너무 어려워! 무굴 제국의 악바르
황제는 치타를 1000마리나 키웠지만 새끼를 1마리밖에 얻지 못했어!
그런데 얼마 전에 우리나라의 동물원에서 자연 번식으로 아기 치타
3마리가 태어났어. 아기 치타들아, 부디 무사하길 바라!

구비오의 늑대
뤽 올리비에 메르송, 1877년, 릴 미술관

늑대

마을에 늑대가 나타났어! 너무 이상해. 아무도 놀라지 않네. 장작을
나르는 소년도, 물을 긷는 여인도, 개도, 고양이도, 비둘기도
태연하기만 해. 늑대가 바로 옆에 있는데도 개는 엎드려 뼈다귀를
핥고, 푸줏간 주인은 손을 내밀어 늑대에게 생고기를 건네주네.
예쁘게 옷을 차려입은 아름다운 부인을 봐. 늑대 바로 뒤에서 한 손에
빵을 들고 웃으며 어린 딸의 손을 잡아끌어. 엄마가 그만 가자고
하는데도 아이는 늑대와 더 놀고 싶다고 조르는 것 같아.
지금부터 800년 전, 이탈리아의 구비오라는 작은 시골 마을이야.
하지만 얼마 전까지만 해도 구비오 마을은 공포의 도가니였어.
굶주린 늑대가 마을에 출몰해서 가축을 물어 가고, 늑대를 잡으러
나선 사람들마저 늑대의 밥이 되었기 때문이야.

그러던 어느 날 기적이 일어나! 성 프란체스코 수사님이 구비오
마을을 지나게 되었어. 성 프란체스코는 부유한 상인의 아들로
태어났지만, 가진 것을 모두 버리고 하나님의 사랑을 전하는 위대한
설교자가 되었어. 수사님은 비둘기에게도 설교를 했고, 모든 피조물에
내리신 하나님의 은총에 감사하며 그 사랑을 전해 주었어. 사람들이
수사님을 걱정하며 말리는데도 수사님은 늑대의 은신처로 찾아갔어.
구비오의 늑대를 형제라고 부르며, 굶주림 때문에 악을 저질렀지만
이제 마을 사람들이 형제에게 먹을 것을 줄 테니 다시는 가축과
사람을 공격하지 말라고 타일렀어. 늑대는 순순히 수사님께 앞발을
내밀었고, 다시는 가축과 사람을 해치지 않고 마을을 돌아다니게
되었다는 이야기야. 늑대가 오면 마을 사람들이 먹을 것을 주었고,
늑대도 더 이상 가축이나 사람을 해치지 않았어. 그림 속의 늑대가
바로 그 구비오의 늑대야!

뢰 올리비에 메르송이라는 화가가 오래 전 구비오 마을에 일어났던
성 프란체스코의 기적을 생생하고 아름다운 그림으로 그렸어. 늑대의
목에 목걸이가 걸려 있고, 머리 둘레엔 후광이 빛나고 있어.
프란체스코 수사님을 만나 변화된 늑대라는 뜻이야. 이제 늑대가
나타나도 마을 사람들은 무서워하거나 놀라지 않아. 그림에서 늑대를
보고 놀라는 사람은 방금 당나귀를 몰고 이 마을로 들어온 것 같은
나그네 2명뿐이야.

100년 전에는 북아메리카와 아시아, 유럽, 우리나라에도 늑대가
살았어. 하지만 이제는 늑대가 사는 곳이 별로 없어. 우리나라에서는
1965년에 마지막 야생 늑대가 죽었어.

늑대만큼 줄기차게 오해와 증오를 받았던 동물도 없을 거야. 사람들이
보기에 늑대는 울부짖고 떼를 지어 몰려다니며 가축과 사람을 해치는
나쁜 짐승일 뿐이었어. 이야기 속에 늑대는 언제나 비열한 악당으로
등장해. 사람들은 늑대가 자연에 있어서는 안 될 해로운 동물이라며
총으로 쏘아 죽이고, 덫과 올가미, 독약을 놓아 대대적으로 사냥했어.
목장 주인, 농부, 전문 사냥꾼이 증오심에 불타 잔인한 방법으로 늑대를
살해했어. 북아메리카에서만 해마다 10만 마리의 늑대가 죽임을
당했어. 1914년에는 옐로스톤 국립 공원에서도 늑대 퇴치 캠페인을
벌였어. 늑대가 주변 목장에 피해를 입힌다고 말이야. 1926년,
옐로스톤에 살던 마지막 야생 늑대가 총을 맞고 죽었어. 사냥꾼들은
늑대가 사라지면 숲에 사슴의 수가 늘어날 것이라고 좋아했어.

늑대가 사라진 숲은 어떻게 되었을까?

산이 시들시들해지기 시작했어. 사슴의 수가 급격히 늘어나 숲이
황폐해졌어. 싹이 나기 무섭게 사슴들이 먹어 치웠기 때문이야.
식물이 자라날 틈이 없는 숲에서 사슴들도 비쩍 말라 죽어 버렸어.

늑대와 경쟁하던 코요테의 수도 급격하게 늘어났어. 늑대와 영역
다툼을 할 필요가 없어졌기 때문이야. 코요테가 너무 많아져 코요테의
먹잇감인 영양과 설치류가 빠르게 사라져 버렸어. 설치류가 사라지자
해충이 늘어났어. 습지가 마르고 개구리, 두루미, 비버가 떠나갔어.
옐로스톤의 마지막 야생 늑대가 죽고 70년이 흘렀어. 사람들은
늑대가 생태계에 얼마나 중요한 종인지 뒤늦게야 깨달았어.
1995년, 옐로스톤 국립 공원에 야생 늑대 복원 프로젝트가 시작되었어.
늑대가 돌아오자 숲이 되살아났어. 놀랍게도 늑대가 동물을 1마리
죽이면 숲에 10배 더 많은 생명체가 살게 돼! 자연에 없어도 되는
생물은 하나도 없어. 식물과 동물, 모기 유충부터 늑대까지 모든
생명이 연결되어 있어!
사람들은 너무 오랫동안 늑대를 오해했어. 늑대가 살아가는 방식에
대해서 아무도 제대로 알지 못했어. 옐로스톤의 야생 늑대를
관찰하며 이제야 겨우 생물학자들이 늑대에 대해 알아 가고
있는 중이야.
늑대는 가족과 무리 속에서 끈끈한 유대감을 느끼며 살아. 친구가
표범에 물려 죽기라도 하면 그 자리를 배회하며 오랫동안 슬퍼해.
늑대의 울음소리는 자연에서 가장 신비로운 소리 중 하나야. 늑대
무리는 다양한 소리를 내며 서로 소통하는데 깊은 밤에 우—우 하고
우는 소리는 서로가 서로를 부르는 소리야!

늑대 무리는 젊은 암수 늑대 한쌍으로 출발해.
암수 늑대는 평생 함께 살며 새끼를 낳아.

겨울과 봄 사이에 해마다 새끼들이
4~6마리 태어나고 그중에 절반이 살아남아.
다 자란 수컷 형제는 독립하여 새로 무리를 만들어.

우—우 늑대들이 다 함께 울기 시작하면 늑대의 집회가 시작돼.
흩어져 있는 늑대들을 한 자리에 모으고 영역을 알리며 함께
유대감을 느끼는 거야. 우두머리가 기다란 울음소리를 내면 다른
늑대들도 따라서 울어. 가끔은 언제 멈추는지를 몰라서 어린 늑대가
혼자서 길게 울기도 해.

사냥할 때도 무리를 지어 다녀. 다 자란 늑대는 들쥐나 족제비를
사냥하며 혼자서 살 수 있는데도 왜 무리를 지어 사냥을 하는 걸까?
동물학자들은 새끼를 기르기 위해서라고 추측해. 무리에 새로
태어나는 새끼들을 기르려면 자기가 먹는 양보다 많은 양을 사냥해야
하는데, 혼자서는 사냥하기 힘든 덩치 큰 동물을 함께 사냥하는 편이
더 유리해.

늑대는 곰이나 퓨마처럼 힘이 세지도 않고 날카로운 송곳니도 없기
때문에 사냥감이 지칠 때까지 끈질기게 뒤쫓아.

지금도 사람들은 가축이 죽으면 늑대를 의심해. 보이는 대로 총으로
쏘아 죽여. 하지만 가축을 부검하면 알게 돼. 늑대가 사냥한 것은
질병으로 죽은 가축의 시체였다는 것을 말이야.

아직도 사람들은 늑대를 증오해. 송아지 1마리를 잃으면 늑대를
없애야 한다고 아우성을 쳐. 늑대 복원을 반대하는 사람들도 많아.
늑대는 없어도 되거나 아주 적은 수만 있으면 된다고 생각해.
사람들이 늑대와 함께 사는 법을 배울 수 있을까?

여우 사냥

윈슬로 호머, 1893년,
펜실베니아 순수 미술 아카데미

여우

하얀 눈밭 위로 붉은여우가 전속력으로 달리고 있어. 거대한 까마귀가
여우를 덮치려고 해. 여우보다 더 거대한 까마귀라니, 까마귀가 여우를
위협하다니! 그런데 이상하게도 이상하지가 않아. 까마귀에게 쫓기는
여우의 뒷모습이 그냥 슬프게 보여. 눈밭에 피어난 빨간 열매도, 멀리
보이는 시린 바다도 슬픔을 더해 줘.

이 그림은 여우가 거의 실물 크기로 보일 만큼 거대한 캔버스에 그려져
있어. 필사적으로 달아나는 여우의 뒷모습에서 관람객은 눈을 뗄 수가
없어. 여우가 왜 까마귀에게 쫓기는 걸까. 여우가 무사히 달아날 수
있을까? 그냥 하염없이 보게 되는 그림이야.

이 그림은 1893년에 윈슬로 호머라는 미국의 화가가 그렸어. 화가의
그림 중에서도 가장 뛰어난 작품으로 손꼽히는 〈여우 사냥〉이야.

사람들은 여우가 교활하고 약삭빠른 동물이라고 생각해. 전설과 민담,
동화책과 그림책 속에서도 악역을 맡아. 하지만 그건 자연에 있는
진짜 여우의 모습과는 아무런 상관이 없어. 여우는 그냥 여우야!
사람들이 여우를 교활하다고 생각하는 건 섬뜩한 눈빛 때문일 거야.
여우의 눈은 동공이 세로로 길쭉한데 그건 여우처럼 작은 동물이
숨어서 먹이를 지켜볼 때 유리한 눈의 구조일 뿐이야. 키가 작은 동물은
멀리 볼 수 없기 때문에 가까이 있는 먹잇감을 정확히 보고 매복해
있다가 덮쳐야 해.
세로로 길쭉한 눈동자는 물체를 정확하게 볼 때 유리하고, 가로로
길쭉한 눈동자는 넓은 각도를 볼 때 유리해. 늘 포식자를 경계하며
풀을 뜯어야 하는 초식 동물들은 가로로 기다란 눈동자가 유리해.
하하, 이제 알겠어? 여우는 사냥을 잘 하기 위해 그런 눈을 가졌을
뿐이야.
여우는 지구에 가장 많고, 가장 널리 퍼져 사는 갯과 육식 동물이야.
적응력이 매우 뛰어나서 사막에서 북극까지 거의 모든 곳에 살아.
사막여우는 북아프리카의 사하라 사막에 살고, 다 자라도 무게가 겨우
1킬로그램 남짓이야. 개과 동물 중에서 가장 작아. 사막여우는 지구에서
가장 오래된 여우야. 사막에서 과일, 전갈, 흰개미, 뱀, 쥐를 먹고 살아.
북극여우는 추운 툰드라 지역에 살아. 겨울에 흰색으로 털갈이를 해.
먹을 것이 많지 않아서 뭐든지 닥치는 대로 먹어.

북극여우는 툰드라 지방의 청소 동물이야. 체온을 빼앗기지 않으려고 귀가 작아.

사막여우는 널따란 귀로 사막의 열기를 내보내.

가장 흔한 여우는 붉은여우야. 털이 붉기 때문에 우리나라에서는
불여우라고도 불렀어.

우리나라에서는 여우가 거의 사라졌지만 유럽에서는 사람들 가까이,
도시와 시골에 살고 있어. 사람들이 주는 음식을 먹고 애완동물처럼
쓰다듬질을 받기도 해. 가끔은 여우들이 마당에 들어가 잔디밭이나
축구장을 파헤쳐 말썽을 피워. 하지만 그건 여우의 잘못이 아니야.
여우는 잔디밭에서 뼈와 피로 만든 비료 냄새를 맡고, 거기에 죽은
동물이 있다고 착각해서 파헤치는 거야.

우리나라에서 왜 여우가 사라졌는지는 정확히 알 수 없어. 어쩌면
1960년대에 쥐 박멸 작전을 벌인 때문이라고 추측해. 쥐약을 먹고
들쥐가 사라졌는데, 그 들쥐를 여우들이 먹은 건지도 몰라.

여우는 멸종 위기 야생 생물 I급이야.
하지만 여우가 돌아올지 몰라.

2012년, 토종 여우 복원 프로젝트가 시작되어 2마리가 소백산에
방사되었어. 2021년까지 100여 마리 넘게 방사되었는데, 그중에서 잘
살아남고 새로 태어나기도 하는 여우들이 50마리 이상이 되면
야생에서 안정적으로 적응할 수 있다고 해.

붉은여우는 여우 중에 몸집이 가장 커.
귀가 커다랗고 주둥이가 뾰족해.

여우는 깊은 산속보다 언덕, 숲 가장자리, 강가, 농경지, 탁 트인
풀밭에 살고 굴을 파기 좋은 흙과 모래가 있는 곳을 좋아해.
낮에는 굴속이나 나무숲에서 잠을 자거나 웅크리고 있다가 저녁에
어슬렁어슬렁 활동을 시작해. 조심성이 많아서 굴속을 드나들 때도
주변에 침입자가 없는지 확인해. 귀가 아주 예민해서 멀리 500미터
밖에서 나는 소리도 들을 수 있어.
여우는 가족 단위로 살아. 하지만 사냥은 혼자 해. 수컷 여우가 사냥을
맡고 암컷 여우는 새끼를 길러. 봄에 새끼를 5~6마리 낳아.

여우는 대단한 들쥐 사냥꾼이야.
하루에 들쥐를 3~5마리 먹어야 해.
들쥐가 지나치게 많이 번식하지 않도록
여우가 조절해 줘.

배가 부를 때 들쥐를 사냥하면 한 번에 먹지 않고 한참 동안 가지고
놀다가 자기만 아는 장소에 숨겨. 발과 코를 이용해 꼼꼼하게 묻어.
이야기책에서처럼 여우는 기억력이 매우 뛰어나. 먹이를 숨겨 둔
장소뿐 아니라 어디에 무슨 먹이를 두었는지도 정확히 기억해.
아마도 여우는 이렇게 생각할 거야.

'부러진 참나무 왼쪽에는 산토끼가 있어.'

'쐐기풀 아래에는 들쥐가 있고!'

여우도 언어가 있어. 여우는 40가지로 발음할 수 있고, 발음을 조합해
28가지 소리를 낼 수 있어. 여우는 독특한 소리를 내는데 여우 한
마리 한 마리마다 소리가 달라. 동물학자들이 실험했는데 수여우는
녹음해 온 자기 짝의 소리에만 반응한다는 거야.

여우에게 또 한 가지 놀라운 능력이 있는데, 여우는 지구의 자기장을
느껴. 사냥할 때 자기장을 이용하는 특별한 동물로 알려져 있어.
겨울에 온통 눈으로 뒤덮여 사냥감이 보이지 않을 때도 여우는
뛰어난 청각 능력과 지구의 자기장을 이용해 먹이를 찾아. 자북에서
20도 방향 이내로 뛰어올라 사냥을 시도했을 때 대부분 성공해.
100미터 밖에서도 쥐가 찍찍대는 소리를 듣고 눈 아래 1미터
깊이에서 쥐를 물어 올려!

그리즐리 곰

칼 룽기우스

여기는 로키산맥이야! 짙푸른 하늘 아래 먼 산에는 아직도 눈이 쌓여
있어. 황량한 바위산에 곰이 어슬렁어슬렁 걷고 있어.

화가가 실제로 곰을 보았을까? 그런 것 같아. 1900년도 초에
미국화가 칼 룽기우스가 그렸는데 화가가 로키산맥을 너무 좋아해서
앨버타주 로키산맥 아래 화실을 지었거든.

칼 룽기우스는 미국 최초의 야생 동물 전문 화가야. 언제나 야외에서
그림을 그렸어. 룽기우스는 실내에서 자연을 채색하면 색이 너무
따뜻해진다고 걱정했어. 야외에서 색칠할 때만 진정한 자연의 색인
서늘한 은빛을 낼 수 있다고 말이야.

정말! 다시 그림을 봐. 멀리 산봉우리로 아직 해가 비치고 있는데도
로키산맥의 서늘한 산 공기가 느껴지는 것만 같아!

〈그리즐리 곰〉의 곰은 회색곰이야. 웅장한 로키산맥을 배경으로 그려져 있어서 그렇지 사실 녀석은 굉장히 커다란 놈이야. 몸무게가 수컷은 500킬로그램, 암컷은 300킬로그램이 나가. 둔한 사람을 흔히 곰에 비유하지만, 곰이 들으면 기분 나쁠 소리야. 곰은 전혀 둔하지 않아. 전속력으로 달리면 시속 50킬로미터로 달릴 수 있어.

회색곰이 200년 전에는 북아메리카에 널리 퍼져 살았지만 점점 살 곳이 줄어들어 지금은 캐나다, 알래스카, 로키산맥 북부에 조금 살고 있을 뿐이야.

회색곰의 등에는 커다란 혹이 있는데 그건 단단한 근육 덩어리야. 앞발로 땅을 파헤치거나 사냥감을 덮칠 때 굉장한 힘을 발휘해.

회색곰은 사슴, 여우, 늑대, 퓨마, 들소, 심지어 흑곰을 잡아먹는 최상위 포식자야. 가끔은 연어나 과일을 먹기도 해. 겨울잠을 자러 가기 전 연어가 있는 강둑에서 회색곰끼리 치열한 경쟁을 벌이기는 해도 회색곰과 감히 먹이 경쟁을 할 동물은 없어.

무시무시해 보이지만 회색곰이 언제나 위험한 것은 아니야. 새끼가 위험하다고 느낄 때나 인간이 자기 영역을 침입했다고 느낄 때만 공격해.

회색곰은 혼자 살아. 그런데 **회색곰 1마리에게 필요한 영역이 무려 32제곱킬로미터야.** 축구장 4000개 넓이야! 곰 1마리가 얼마나 넓은 거리를 이동하며 사는지 짐작할 수 있겠어?

회색곰의
덩치는
굉장해!

우와!

뒷발로 똑바로 서면
키가 3미터야!
별명이 '공포의 곰'이야.

하지만 이 거대한 동물은 1년 중 거의 반은 모습을 볼 수 없어.

감쪽같이 사라져!

사라진다고? 그렇다니까! 늦가을이 오면 회색곰은 점점 식욕이

없어지고 마침내 아무것도 먹지 않아. 눈앞에 신선한 송아지 고기를

걸어 두어도 그냥 지나쳐. 가을에 정신없이 먹어서 지방을 저장해 둔

덕분이야. 이때쯤 지방층이 두툼하게 13센티미터쯤 생겨 있어.

겨울이 와. 먹이가 별로 없을 때 주변을 돌아다니는 건 괜한 에너지

낭비일 뿐이야. 배가 고프면 계속해서 먹이를 찾아다닐 것이고

그러다 죽을지 몰라. 곰은 겨울이 오면 호르몬 작용으로 아예 식욕을

느끼지 않도록 진화했어.

이제 굴을 파야 해. 회색곰은 산비탈에 굴을 파는데 괴력으로 트럭 한

대 분량의 흙을 파헤쳐. 그리고 굴의 제일 안쪽에 아늑한 방을 꾸며.

부드러운 흙과 나뭇잎을 깔아. 어떤 곰은 며칠 전에야 부랴부랴,

어떤 곰은 몇 주 동안 꼼꼼하게 준비해. 어떤 녀석은 눈보라가 거세게

몰아친 후에야 굴로 들어가. 회색곰이 1마리도 안 보여!

곰은 겨울잠을 잘 때도 체온이 떨어지지 않아. 겨울잠을 자는

동물들은 주변의 온도와 비슷해질 때까지 체온을 떨어뜨리는데

말이야. 곰의 체온은 37~38도인데 겨울잠을 잘 때도 35도로 유지해.

그래서 생태학자들은 곰이 겨울잠을 자는 게 아닐 거라고 생각했어.

하지만 곰은 정상 체온을 유지하며 완벽하게 겨울잠을 자. 5개월 동안

꼼짝도 하지 않고 깊은 잠에 빠져. 그렇게 거대한 동물이 5개월 동안 전혀 움직이지 않고도 봄에 멀쩡하게 굴을 나올 수 있다니!

곰이 겨울잠을 자는 생체의 비밀은 아직 다 밝혀지지 않았어!

체지방이 아주 많다면 인간도 얼마 동안 아무것도 먹지 않고 버틸 수 있을지 몰라. 하지만 인간은 물이 없이는 버틸 수 없어. 우리가 만약 곰의 굴에서처럼 그렇게 오랜 시간을 보낸다면 오줌 때문에 금방 탈수증에 걸릴 거야. 오줌을 안 누면 된다고? 그럼 몸속에 독이 쌓여 죽을 거야. 오줌으로 매일 노폐물을 내보내기 때문이야.

오랫동안 전혀 움직이지 않으면 인간은 피부에 욕창이 생기고 근육이 줄어들고 뼈에는 구멍이 숭숭 뚫려. 뼈는 적당히 힘을 받아야 구조를 유지하는데, 움직이지 않으면 뼈의 성분이 점점 빠져나가. 무중력 상태에서 지내는 우주 비행사들이 지구로 돌아왔을 때 근육이 없어지고 골다공증에 걸리는 것도 바로 그 때문이야. 곰은 그렇게 오랫동안 움직이지 않고도 근육을 잃거나 골다공증에 걸리지 않아. 물을 먹지 않고 오줌을 누지 않아도 탈수증에 걸리지도 않고 몸속에 독이 쌓이는 일도 없어. 곰이 겨울잠을 자는 비밀을 알 수 있다면 노화와 우주 비행, 뼈에 관한 의학의 수수께끼가 풀릴지 몰라.

안녕!
나는 반달가슴곰이야.

키 1.9미터,
몸무게 80~200킬로그램이야.
가슴에 반달 모양 하얀 털이 있어.

옛날에는 우리나라에 반달가슴곰이 많이 살았어. 하지만 숲이 사라지고, 밀렵으로 자취를 감추었어. 1983년에 설악산에서 마지막 반달가슴곰이 밀렵꾼의 총에 맞아 죽었어. 그렇게 영영 반달가슴곰은 우리나라에서 사라질 뻔했어. 그런데 2000년에 지리산에서 반달가슴곰 5마리가 발견된 거야. 하지만 그대로 두면 녀석들도 더 이상 번식하지 못하고 사라질 운명이야.

자연에 다시 반달가슴곰을 살게 할 수 있을까? 2004년에 반달가슴곰 복원 사업이 시작되었어. 러시아와 북한, 중국에서 우리나라의 반달가슴곰과 같은 종을 들여와 지리산에 풀어 준 거야. 첫해에 6마리로 시작해서 모두 50여 마리를 방사했는데 5마리가 올무에 걸려 죽고 17마리는 자연에 잘 적응하지 못해서 다시 센터로 데려와야 했어. 자연에서 죽은 반달가슴곰도 많아서 걱정을 했는데, 다행히도 지리산에 풀어 준 반달가슴곰들이 2009년부터 새끼를 낳기 시작했어. 이제 지리산에 사는 반달가슴곰은 60마리가 넘어. 최소한 50마리가 있어야 야생에서 건강하게 번식할 수 있는데 드디어 된 거야. 그렇게 태어난 새끼들 중 수컷 1마리는 대단한 방랑벽으로 유명하게 되었어. 별명이 '오삼이'인데 녀석이 지리산에서 90킬로미터 떨어진 수도산에서 발견된 거야. 녀석을 포획해 다시 지리산으로 돌려보냈는데 수도산으로 되돌아갔다지 뭐야.

할 수 없지. 오삼이는 수도산에서 살게 내버려 두는 수밖에!

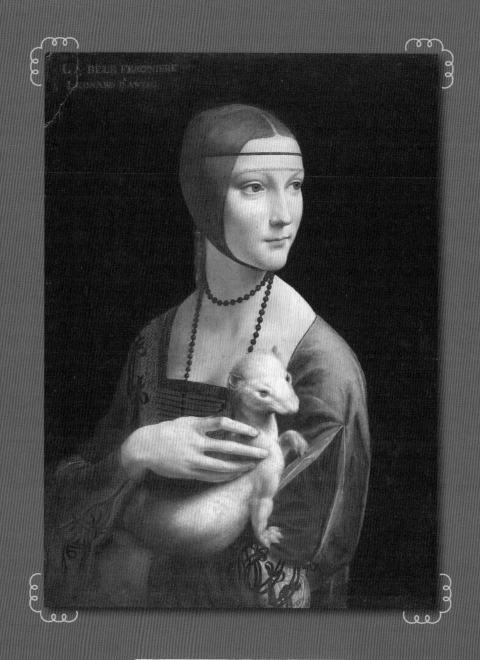

담비를 안고 있는 여인

레오나르도 다빈치, 1489~1490년, 차르토리스키 미술관

족제비

깜깜한 어둠 속에 아름다운 여인이 족제비를 안고 있어. 족제비라고?
그림의 제목은 〈담비를 안고 있는 여인〉인데? 담비와 족제비는 전혀
다른 동물인데도 비슷하게 생겨서 많이 헷갈려. 하지만 여인이 안고
있는 동물은 족제비야.
어디를 보는 걸까? 눈은 그윽하고, 오똑한 코에 입술을 꼭 다물고
아무도 알지 못하는 영원하고 심오한 곳을 바라보고 있는 것만 같아.
머리에 두른 투명한 베일을 봐. 자연스럽게 주름진 드레스 자락은
말할 것도 없고, 족제비를 안은 길고 가느다란 여인의 손을 봐.
손가락의 관절과 근육, 힘줄마저 생생하게 느껴져. 통통한 족제비를
살짝 누르고 있는 손톱이 보여? 도대체 누가 이렇게 그릴 수 있을까?
위대한 레오나르도 다빈치만이 이렇게 할 수 있었어!

레오나르도 다빈치가 인간의 신체를 살갗 아래 흐르는 핏줄까지 붓으로
표현하기 위해 어떻게 했는지에 대해 쓰려고만 해도 한 권의 책이
모자라.

레오나르도 다빈치는 세상 만물에 대해 알고 싶어 했어. 자연과 인간과
현상과 모든 사물에 대해! 특히 인체의 신비에 대해 너무나 알고 싶어
시체를 해부하고 스케치를 수천 장 그리고, 뼈와 근육, 인대, 모세
혈관까지 해부학을 파고 들었어.

레오나르도 다빈치는 인간의 호기심의 넓이와 한계가 어디까지인지를
실험하기 위해 태어난 사람 같았어. 광학, 기하학, 기계학, 물, 바람, 공기,
생명의 비밀…… 알고 싶은 게 너무 많아서 도무지 한 가지 일에 집중할
능력과 시간이 모자라 일생 동안 하다 만 일이 헤아릴 수가 없어. 중요한
작품을 부탁받고도 약속을 지키지 않아서 왕과 귀족과 교황님을 화나게
한 적이 몇 번인지 몰라. 만들다 만 기계, 짓다가 만 궁전, 그리다 만 벽화,
만들다 만 조각상, 못다 그린 초상화, 못다 한 상상은 또 얼마나 많은지!
지금부터 600년 전에 하늘을 나는 비행기를 꿈꾸고, 잠수함을 설계하고,
모든 것이 저절로 움직이는 꿈의 도시를 설계했어.

레오나르도 다빈치는 발명가이자, 건축가이자, 생태학자이자, 해부학자,
이야기꾼, 현자, 마술사, 요리사, 기계 설계공, 몽상가, 메모광, 그리고
맨 끝에 화가라고 할 수 있을 정도야. 그런데도 사람들은 레오나르도
다빈치가 천재 화가인줄로만 알고 있을 정도이니 다빈치에 대해 누가

어떻게 다 알 수 있겠어? 일생 동안 레오나르도 다빈치의 메모만
연구하는 사람이 수백 명이고 다빈치에 관한 책이 도서관을 채울 정도야.
하하, 어쩌면 레오나르도 다빈치는 지금까지 지구에 살았고 앞으로
지구에 태어날 온 세상 어린이의 영혼이 몽땅 들어간 사람이
아니었을까? 어린이의 머릿속을 누가 알겠어!
레오나르도 다빈치에게 수많은 귀족이 초상화를 의뢰했지만, 다빈치는
공작 부인의 초상화나 그려 주고 있을 시간이 없었어. 다빈치는 평생
동안 딱 4명의 여인의 초상화를 그려 주었는데 〈담비를 안고 있는 여인〉
이 바로 그중의 하나야. 레오나르도 다빈치가 화가이자 기술자이자
요리사로 밀라노의 루도비코 스포르차 공작의 성에 머무를 때 그린 거야.
초상화의 주인공은 스포르차 공작이 사랑한 체칠리아 갈레라니라는
여인이야. 화가와 체칠리아는 밀라노 성의 어느 방에서 날마다 이젤을
사이에 두고 마주 앉았겠지. 우리의 족제비도 함께 했을 거야.
족제비는 다 자라도 몸무게가 겨우 200그램 정도밖에 안 돼.

하지만 족제비는 어엿한 식육목이야!

식육목은 육식 동물을 말해. 조그만 족제비도 커다란 곰도 식육목이야.
식육목에 속하는 동물들은 정확히 볼 수 있게 얼굴 앞쪽에 두 눈이 있고
사냥에 적합한 송곳니와 발톱이 있어.

족제비야,
뭘 봐?

두리번두리번 족제비는 호기심이 많아!
족제비는 무리를 짓지 않고 혼자 살아.
개울을 끼고 있는 숲, 빈 나무 속, 사람들의 집 근처나
나무뿌리, 돌무덤의 굴에 살아.

족제비는 조그만 몸집에 비해 활동량이 아주 많아. 어쩌면 작아서
그럴지도 몰라. 아이들도 그렇잖아? 조그만 아이는 잠시도 가만히
있는 법이 없어. 족제비도 그래. 잠시도 가만있지 못하고 머리를
갸웃거리며 여기저기를 들쑤시고 다녀.

호기심도 엄청 많아. 이리저리 도망 다니면서도 언제 들어갔는지
구멍에서 쏙 머리를 내밀어.

먼 곳을 살필 때는 앞다리를 들고 사람처럼 두 발로 서서 주변을
두리번거려. 작은 몸집에 비해 뇌의 용량이 크고 똑똑해.

족제비는 귀여운 생김새와는 달리 사냥을 아주 잘해. 족제비 1마리가
일 년에 들쥐를 3000마리쯤 잡는다면 믿을 수 있겠어?

청각, 시각, 후각이 모두 예민하고 점프를 하면서 달릴 수 있고 동작이
재빠르고 민첩해서 쥐를 아주 잘 잡아.

족제비는 돌아다니는 지역이 아주 넓어. 여기저기로 어찌나 부지런히
뛰어다니는지! 짧은 다리, 기다란 몸에 조그만 머리로 덤불을 뒤지고
다니면 풀끝만 흔들릴 뿐 녀석의 모습을 다 보기란 여간 어려운 일이
아니야.

겨울에는 시린 눈밭을 폴짝폴짝 뛰어다녀. 다른 동물들은 눈이
쌓이고 단단하게 다져질 때까지 기다리면서 잘 움직이지 않을 때에도
족제비는 제일 먼저 뛰어나와. 눈이 많이 온 직후에 가장 활발하게
뛰어다니는 녀석이 족제비야.

족제비의 발자국이야!
두 발을 나란히 모아 찍기 때문에
발자국 2개가 쌍으로 찍혀.

족제비는 눈 온 직후에 쥐를 사냥해. 눈이 쌓여 단단해지면 눈 밑에서 다니는 쥐를 잡기 어렵기 때문이야. 방금 눈이 내려 눈밭이 폭신폭신할 때 정신없이 눈밭을 뒤지며 쥐를 잡아. 잡은 쥐를 저장하려고 눈 속을 파고 다녀. 위험에 빠지면 항문 분비샘에서 지독한 냄새를 뿜어 적을 쫓아내.

우리나라엔 겨울에 털갈이를 하지 않는 황갈색 족제비가 훨씬 많아. 흰족제비보다 몸집이 커. 여우, 표범, 늑대가 천적이지만 천적이 거의 사라져서 인간이 유일한 천적이야. 족제비의 털은 윤기가 자르르하고 아주 부드러워서 목도리로 인기가 아주 많았거든.

한강 공원에도 족제비 서식지가 있고, 가끔은 도시 한복판의 주택가에도 출몰해. 하지만 녀석을 만난다면 함부로 손을 내밀면 안 돼. 귀여운 생김새와는 달리 아주 사나워!

원숭이가 있는 열대숲

앙리 루소, 1910년, 워싱턴 국립 미술관

원숭이

훅, 정글의 냄새가 풍겨 오는 것 같지 않아? 원숭이들이 정글에서 놀고
있어. 원숭이 2마리가 나무에 매달려 대롱대롱. 긴팔원숭이 같아.
갈색여우원숭이처럼 보이는 녀석은 수도승처럼 바위에 앉아 있어. 커다란
원숭이도 나무에 걸터앉아 골똘히 생각에 잠겨 있어. 개코원숭이일까?
조그만 원숭이는 여우원숭이 같아. 나뭇가지 끝에 앉아 모두를 지켜보고
있어. 조심해. 나무 밑에 비단뱀이 입을 벌리고 있어!
이 그림은 프랑스의 화가 앙리 루소가 그렸어. 루소는 정글 그림을 많이
그렸는데, 정글에 가 보기는커녕 자기가 사는 나라를 한 번도 떠나 본
적이 없다는 거야. 한 번도 가 보지 않고 상상으로만 그렸기 때문에 오히려
더 신비로운 그림이 되었어. 원근법도 무시하고 편평하게 그렸는데
환상적이고 낯설고 정글보다 더 정글 같은 기이한 풍경이 되었어.

여기는 아프리카 동쪽의 마다가스카르섬이거나 인도네시아의
보르네오섬일지 몰라. 아니면 둘 다 아닐 수도 있어! 하하, 화가가
상상으로 그린 열대림이라고 했잖아. 그림에는 보르네오섬에만 사는
원숭이와 마다가스카르섬에만 사는 원숭이가 함께 그려져 있어.
열대림에 가 보지 않았지만 루소는 자연사 박물관과 동물원,
식물원을 수없이 방문하며 그림을 그렸어. 거기에서 박제된 원숭이나
동물원에 오게 된 열대의 원숭이를 만났을 거야.

루소의 그림에서 여우원숭이를 찾아봐! 녀석은 마다가스카르섬에
살아. 햇볕이 비스듬히 들어오는 창가로 그림을 가져가 봐. 그럼
여우원숭이가 정말로 아침에 나뭇가지에 앉아 일광욕을 하는 것처럼
보여. 녀석들은 아침에 일광욕 하는 걸 좋아해. 그러다가 매의
먹잇감이 되기 십상인데도 말이야. 일광욕을 하지 않을 땐
이 나무에서 저 나무로 기어 다니거나 두 팔을 들고 옆으로 서서
폴짝폴짝 뛰어다녀.

여우원숭이는 가장 오래된 영장류야. 5500만 년 전에 벌써
마다가스카르섬의 열대림에 살고 있었어. 영장류가 뭐냐고? 포유동물
중에서 몸집에 비해 뇌가 크고, 손과 발이 5갈래로 갈라져서 무언가를
잡거나 쥘 수 있는 동물을 말해. 네 발로 걸어 다니지만 똑바로 앉거나
설 수 있고, 앞발로 무언가를 쥐거나 잡고 뒷발로 몸을 지탱해. 물론
우리 사람도 영장류야!

우리는 모두 영장류야!

〈원숭이가 있는 열대숲〉에서 긴팔원숭이를 찾아봐. 찾았어? 원숭이 2마리가 기다란 팔을 늘어뜨리고 나무에 매달려 있어. 긴팔원숭이야! 긴팔원숭이라면 꼬리가 없어야 하는데 화가가 꼬리를 그렸지 뭐야. 직접 보지 못하고 상상으로만 그렸기 때문일 거야. 그래도 긴팔원숭이와 가장 닮았어.

이름이 원숭이인데도 긴팔원숭이는 원숭이가 아니라 유인원이야. 같은 영장류인데 원숭이와 유인원은 뭐가 다를까?

원숭이는 꼬리와 볼주머니가 있어.
유인원은 꼬리가 없어. 볼주머니도 없고!

볼주머니는 입안에 먹이를 넣는 주머니야. 원숭이는 볼이 터지도록 입안에 먹이를 모았다가 나중에 먹어. 긴팔원숭이는 볼주머니가 없어. 꼬리도 없고! 긴팔원숭이, 고릴라, 오랑우탄, 침팬지, 사람이 유인원에 속해.

긴팔원숭이는 인도네시아의 열대 우림에 살아. 긴팔원숭이의 울음소리를 들어봤어? 녀석의 울음소리는 모든 동물들의 소리 가운데 가장 아름답고 독특해. 우리가 언어로 소통하듯이 긴팔원숭이는 여러 가지 울음소리를 조합해 서로 얘기를 나눠. 모든 원숭이와 유인원과 달리 긴팔원숭이는 일부일처제야. 루소의 그림 속 긴팔원숭이 2마리도 부부일지 몰라.

긴팔원숭이는 하루 종일
나무 위에서 살아.

엄지손가락은 짧고 나머지 손가락 4개는 아주 길어서
나뭇가지를 잡기 안성맞춤이야. 손이 갈고리 같아.
아주 가끔 나무에서 내려와 두 발로 서기도 해.

긴팔원숭이의 팔은 이름처럼 정말 길어. 다리와 몸통을 합친 것보다도 길고 힘이 아주 세. 강한 팔 힘으로 나뭇가지와 가지 사이로 재빠르게 시속 56킬로미터로 내달릴 수 있고, 가지와 가지 사이를 한 번에 15미터씩 건너뛰어. 대단한 넓이뛰기 실력이지 뭐야. 손목뼈가 분리되어 있어서 모든 방향으로 구부릴 수 있고, 몸을 틀지 않고도 마음대로 방향을 바꿔!

"잠깐! 왜 내 얘기는 안 해?"

개코원숭이가 뿔났어. 루소가 자기를 그림 제일 한가운데에 그려 줬다면서 말이야.

그래 맞아. 개코원숭이야말로 진정한 원숭인걸. 긴 꼬리를 가진 개코원숭이는 원숭이 중에서 제일 커. 커다란 녀석은 키가 120센티미터나 되고 몸무게도 40킬로그램은 나가.

왜 개코원숭이냐고? 주둥이가 개 주둥이처럼 길어서 개코원숭이라 불려. 아프리카의 사바나 초원에 무리지어 살고 아주 시끄러워. 무리를 지어 다니면서 사냥을 하고, 원주민의 밭에 들어가 옥수수를 훔쳐 가거나 부엌에 침입하기도 해. 녀석들이 떼 지어 몰려다니면 맹수들도 감히 덤비지 못할 정도로 사나워. 하지만 밤눈이 어두워서 밤에는

나무를 잘 타는 표범의 먹잇감이 되기도 해. 올리브개코원숭이,
망토개코원숭이, 기니개코원숭이, 노랑코개코원숭이,
맨드릴개코원숭이가 있는데, 그림 속 녀석은 맨드릴개코원숭이 같아.
라이온 킹에 나온 현자 원숭이 라피키 말이야. 생각에 잠겨 있는
모습이 정말 현명한 할아버지 같지 않아?
개코원숭이 등 뒤에, 바위에 앉아 수도승처럼 일광욕을 하고 있는
녀석은 갈색여우원숭이야. 무슨 일이 일어나도 꼼짝도 않겠다는 듯이
햇볕을 향해 똑바로 앉아 있어. 개코원숭이와 비슷한 크기로 그려져
있지만 사실은 개코원숭이보다 훨씬 작아. 몸무게가 겨우
2~3킬로그램 정도인걸.
개코원숭이는 아프리카에 살고, 갈색여우원숭이는 마다가스카르섬에
살지만 루소의 그림 속에는 함께 살고 있어. 자연에서는 둘이 만날
일이 없어.
화가 루소는 원근법도, 비례도, 사실도 무시하고 원숭이를 그렸어.
그래서 조금은 어색하고, 낯설고, 기이한 느낌이 들어. 어쩐지 위대한
아이의 그림 같아!
이제 동물원에 간다면, 루소의 그림 속 원숭이들을 알아볼 수 있겠어?
원숭이는 아이들과 비슷해. 친구를 좋아하고 나무타기를 좋아하고
한시도 가만히 있는 법이 없어.
어쩌면 화가 루소도 아이 같은 어른이었을지 몰라!

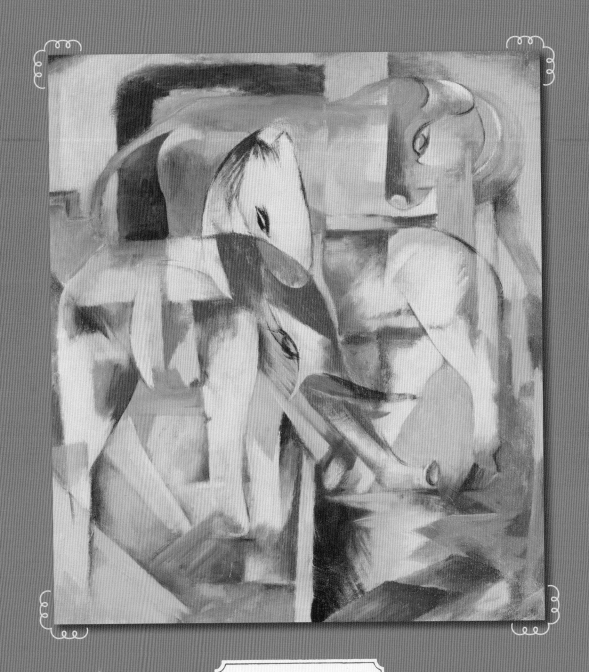

코끼리, 말 그리고 소
프란츠 마르크, 1914년, 개인 소장
© Bridgeman Images - GNC media, Seoul, 2020

코끼리

이 그림의 제목은 〈코끼리, 말 그리고 소〉야. 그렇다면 무지개빛
코끼리와 말과 소인걸. 납작한 평면에 코끼리와 말과 소가 투명하게
겹겹이 겹쳐 있어. 독일의 표현주의 화가 프란츠 마르크가 그렸어.
프란츠 마르크는 호랑이, 말, 소, 여우, 개, 고양이 그림을 많이
그렸는데 언제나 원색을 사용했어. 푸른 말, 노란 소, 빨간 고양이!
프란츠 마르크는 동물을 눈에 보이는 대로 그리지 않고 동물들의
영혼을 그리려고 했어. 화가는 동물에게도 영혼이 있다고 믿었어.
인간처럼 전쟁을 일으키지 않고 자연에 순응하며 살아가는 동물들만이
천국에 갈 자격이 있다고 말이야. 1914년, 화가가 이 그림을 그리고
있을 때 1차 세계 대전이 일어났어. 2년 뒤에 화가도 전쟁터에 나가
목숨을 잃었어. 겨우 36살이었는데 말이야.

화가는 코끼리를 맨 앞에 빨간색으로 그렸어! 코끼리의 성격과
영혼을 빨간 색깔로 표현하고 싶었던 것 같아.

빨간색이라고? 코끼리도 트럼펫을 불며 좋아할 것 같아. 화가는
베를린의 동물원에서 수많은 시간을 코끼리를 관찰하며 보냈어.
코끼리에 대해 안다면, 누구도 이 동물에게 영혼이 없다고 말하지
못할 거야. 현명하고, 용감하고, 똑똑한 코끼리에 관한 이야기가
너무나 많기 때문이야. 죽은 동료의 장례를 치러 주는 코끼리, 일을
시키고도 바나나를 주지 않는 벌목장 주인을 골려 주는 코끼리,
1킬로미터 밖에서 물에 빠진 주인의 소리를 듣고 달려가 구해 주는
코끼리, 코끼리를 위해 특별히 고안된 악기를 연주하는 코끼리
오케스트라도 있어.

코끼리는 오래 전 육지에 살았던 거대한 동물들 중 유일하게 살아남았어.
파충류의 시대가 끝나고 포유동물의 시대가 되었을 때, 지구에 숲이
울창하던 시대에는 육지에도 거대한 동물들이 살았어. 코끼리보다
몸집이 4배나 더 컸던 인드리코테리움, 고릴라를 합쳐 놓은 것 같은
칼리코테리움, 마스토돈, 빙하기에도 살았던 매머드 말이야. 기후가
변하고 빽빽한 숲이 초원으로 변해 가던 시대에 거대한 동물들은
새로운 환경에 적응하지 못해 대부분 사라져 갔어. 코끼리만이
새로운 환경에 적응해 몸집을 조금 줄이고 살아남았어. 그래도 가장
커!

아프리카코끼리는
육지에서
가장 커다란
동물이야.

가장 큰
아프리카코끼리는
키가 4미터가 넘고,
몸무게가
8000킬로그램이야.

아시아코끼리는
아프리카코끼리보다 조금 작아.
귀가 작고 사각형 모양이야.

둥근귀코끼리도 있어.
아시아코끼리보다 작아.
아프리카에 살지만
아프리카코끼리와는 다른 종이야.

코끼리는 평생 동안 자라! 코끼리는 60~70살까지 사는데 죽을 때까지
자란다니, 가장 커다란 동물답지 뭐야. 몸무게가 4톤이 넘고, 다리가
기둥처럼 육중한데도 코끼리는 발끝으로 사뿐사뿐 걸어다녀.
발바닥이 넓적하고 두툼한 가죽 패드로 되어 있어서 걸을 때 충격을
흡수해. 그렇지 않다면 코끼리가 걸어다닐 땐 쿵쾅쿵쾅 소리가
엄청나고 뼈도 무게를 견디지 못할 거야.

코끼리는 몸집이 큰 포유동물이어서 체온이 너무 오르지 않도록
조심해야 해. 코끼리의 귀는 체온을 식히기 위해 진화했어. 홑이불
같이 얇고 커다란 귀를 펄럭여 피를 식혀! 귀에 가느다란 모세 혈관이
엉켜 있는데, 귀를 펄럭여 피의 온도를 5도나 낮춰. 코끼리 귀의
피부는 보자기처럼 얇아. 귀에 얽혀 있는 모세 혈관의 모양이
코끼리마다 달라서 지문처럼 코끼리를 하나하나 구별할 수 있어.

몸집이 그렇게 거대한데도 코끼리는 초식 동물이야. 하지만 머리가
너무 무겁고 턱이 커서 다른 초식 동물들처럼 목을 길게 뽑아 입으로
풀을 뜯어먹을 수가 없어. 저런!

걱정 마. 코끼리에겐 코가 있잖아. 코끼리의 코는 또 하나의 생존
전략이야. 코끼리의 코는 윗입술과 코의 근육이 확장되어 기다랗게
변한 거야. 코끼리의 코는 엄청난 근육 덩어리야. 사자를 한방에 죽일
수도 있을 만큼! 그런데도 아주 예민해. 10만 개나 되는 유연한 근육이
모여서 되었거든.

코끼리는 웬만한 일을 모두 코로 처리해. 숨을 쉬고 냄새를 맡고 물을
뿜고 풀을 감아채서 뜯어. 코를 쭉 뻗어 올리면 기린의 키보다 더 높이
있는 나뭇잎도 딸 수 있어. 나뭇가지를 찢고 나무를 뿌리째 뽑기도 해.
끝이 손가락처럼 오므라들어서 코로 콩꼬투리도 깔 수 있고 쌀알도
집어 올릴 수 있는걸.

몸집이 거대한데도 영양분이 별로 없는 풀을 먹고 살기 때문에
코끼리는 풀을 엄청나게 먹어야 해. 하루에 풀을 300킬로그램쯤
먹어야 한다니까. 우기에는 풍성하게 자라는 풀을 먹지만, 건기에는
나뭇가지, 나무껍질, 잎, 열매, 씨앗, 꼬투리를 닥치는 대로 먹어.
물도 엄청나게 먹는데, 수컷 코끼리는 하루에 물을 200리터 마셔야 해.
코끼리는 먹은 것을 반도 다 소화하지 못하고 똥으로 버려. 코끼리
똥에서 씨앗이 싹트고, 영양분이 많은 코끼리 똥이 초원을 기름지게 해.

아프리카코끼리는 암수 모두 상아가 있어. 아시아코끼리는 수코끼리만
상아가 있어. 상아는 코끼리의 앞니야. 어렸을 때 위턱의 양쪽 두 번째
앞니가 젖니로 빠진 다음에 커다란 엄니로 자라. 앞니가 일생 동안
계속 자라서 입 밖으로 빠져나오는 거야.

수코끼리들은 커다란 엄니로 서로 힘을 겨뤄. 나이가 많은
코끼리일수록 엄니가 커. 위험에 빠졌을 때 엄니로 적을 공격하거나,
엄니로 땅을 파헤쳐 영양분과 지하수를 찾기도 해.

상아는 희고 아름다워서 귀중품과 공예품으로 인기가 많았어.

코끼리의 엄니를 봐!
위턱에서 엄니가 빠져나와 계속계속 자라고 있어!

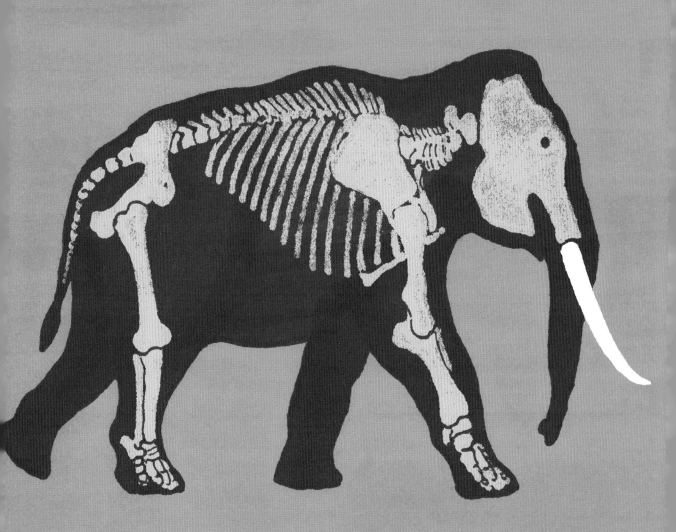

상아의 무게만 60~110킬로그램이야.
상아로 사람들이 도장, 피아노 건반, 당구공을 만들었어.

아프리카코끼리는 상아 때문에 밀렵을 당해.
어미가 밀렵을 당하면 새끼도 길을 잃어.

코끼리 무리의 운명은 우두머리 암컷에 달렸어.

우두머리 암컷이 밀렵꾼의 총에 쓰러지면 다른 코끼리들도 달아나지 않고 우왕좌왕 혼란에 빠져.

아프리카코끼리는 오래도록 상아 때문에 밀렵을 당했어.

아프리카코끼리의 상아가 특히 품질이 좋고 비싸서 끔찍한 밀렵이 끊이지 않았어. 코끼리가 멸종될 위기에 상아 거래가 금지되었지만 야생 동물 보호 구역에서조차 아직도 밀렵꾼과 전쟁을 벌이고 있어. 이제 아프리카코끼리는 대륙 전체에 40만 마리가 채 남지 않았어. 지난 10년 동안 절반 가까이 줄어들었어. 코끼리는 10살이 되어야 첫 임신을 하고 2년 동안 새끼를 배어 한 번에 1마리밖에 낳지 않기 때문에 번식 속도가 엄청나게 느려.

아시아코끼리도 안전하지 못해. 코끼리가 살아갈 숲이 점점 더 줄어들고, 아시아코끼리는 끔찍한 노동에 시달리고 있어. 자동차가 들어갈 수 없는 깊은 숲속 벌목장에서 아시아코끼리들이 코로 나무를 실어 날라.

아시아코끼리는 더 이상 야생에서 살지 못하고 서커스 단에서, 공연장에서 묘기를 부리며 살고 있어.

산골짜기의 왕

에드윈 랜시어, 1851년경, 스코틀랜드 국립 미술관

사슴

픕! 커다란 수사슴이 왕관 같은 뿔을 달고, 뽐내며 먼 산을 바라보고
있어. 사슴이 아주 잘생겼어. 자기도 잘 안다는 표정이야!
나 너무 멋지지 않나요? 그러면서도 무심한 듯이 시치미를 뚝 떼는 척
해. 목 주위엔 짙은 털로 멋지게 목도리를 둘렀고 뿔이 12갈래야.
경험과 연륜이 많은 나이 든 수사슴이야. 자연을 스튜디오 삼아
수사슴이 멋진 기념 사진을 찍으러 온 것 같아. 사슴의 위용을 빛내
주려 신비로이 안개가 피어올라.
1851년경, 영국에서 가장 뛰어난 동물 화가였던 에드윈 랜시어가
그렸어. 랜시어는 영국 여왕이 총애한 귀족 화가였어. 랜시어는
특히 사슴을 잘 그렸는데, 무리를 이끄는 위풍당당한 수사슴을
대영 제국의 상징으로 그렸다고 해.

하지만 영원한 제국은 없어. 화가가 이 그림을 그릴 때는 영국이 세계를 지배하며 '대영 제국'이라 불렸지만, 곧 대영 제국의 시대도 막을 내렸어.

어쩐지 수사슴의 운명과도 비슷한걸. 수사슴은 치열한 경쟁을 뚫고 무리의 우두머리가 돼. 뿔을 들이받으며 격렬하게 싸워. 우두머리가 되면 여러 마리 암사슴을 독차지해.

우두머리 수사슴의 위용은 오로지 저 멋진 뿔에서 나와!

수사슴만 뿔이 돋아나는데, 뿔이 크고 가지가 많을수록 당당한 수사슴이 돼. 하지만 수사슴이 무리의 우두머리로 있을 수 있는 시간은 1년에 고작 2~3개월이야. 신록이 무성한 계절 6월에서 9월까지!

9월이 끝나 가면 위풍당당하게 뻗어 가던 수사슴의 뿔도 시들기 시작해. 뿔이 시든다고? 그렇다니까! 10월이 되면 뿔이 붙어 있던 자리가 버석버석 마르고 마침내 부러져 떨어져. 우스꽝스럽게 하나만 달랑 남아 있다가 그것마저도 떨어져 나가. 뿔과 함께 수사슴의 권위도 땅에 떨어지고 사슴 무리의 권력은 다시 암사슴에게로 돌아가. 암사슴도 서열이 있어. 경험이 많은 나이 든 암사슴의 서열이 제일 높아. 서열을 따르지 않으면 암사슴들끼리도 앞다리로 치고받고 싸워. 뿔을 잃은 수사슴은 무리의 주변에서 잠자코 있어야 해. 그리고 때를 기다려!

이듬해 1월이 되면
수사슴의 머리에 다시 뿔이
돋아나기 시작해.

뿔이 있던 자리에서
둥글게 싹처럼 돋아나.
4~5월이 되면 겉껍질이
벗겨져 나가고 멋진 사슴뿔이 돼.
나이 들수록 뿔의 가지가
더 무성해져.

사슴은 10마리쯤 무리를 지어 살아. 수사슴의 뿔이 멋지게 자란
9월, 10월에 짝짓기를 하고 이듬해 5월에서 7월 사이에 새끼를 1마리
낳아.

겨울에는 양지바른 곳으로, 여름에는 시원한 나무 그늘로 옮겨 다녀.
부드러운 풀과 나무껍질, 작은 가지, 어린 싹을 먹어.

수사슴은 쉴 새 없이 나무줄기에 뿔을 비비고 다니며 '뿔질'을 해.
나무를 긁어서 껍질을 벗겨 놓아. 나무껍질을 먹는 거냐고? 아니,
영역 표시를 하는 거야.

'사슴과'에는 여러 종류가 있어. 대륙사슴, 붉은사슴, 노루, 순록,
고라니가 모두 사슴과에 속해.

우리나라에는 대륙사슴이 살았어. 엉덩이 털이 하얗고 몸은
황갈색인데 여름에 하얀 반점이 생겼다가 겨울에 사라지기 때문에
꽃사슴이라 불려.

북한에는 대륙사슴보다 몸집이 커다란 붉은사슴이 살아. 북한에서는
'누렁이'라 불러. 우리나라 초식 동물 가운데 가장 커. 여름에도 털에
하얀 반점이 없고 추운 지방에 잘 적응해서 백두산에 살아.
랜시어의 〈산골짜기의 왕〉에 등장한 사슴도 덩치가 큰 붉은사슴이야.
랜시어는 추운 스코틀랜드의 고산 지역을 자주 방문했어.

사슴과의 동물 중에서 노루는 뿔이 짧고 뿔의 가지가 3갈래야. 높은
산과 낮은 산의 숲에 살고, 울 때 '컹컹' 개 짖는 소리가 나.

노루

고라니

우리는 '사슴과' 동물이야.

대륙사슴

붉은사슴

순록

고라니는 우리나라에 사는 사슴과 동물이야. 고라니는 암수 모두
뿔이 없어. 대신 송곳니가 있어. 암컷의 송곳니는 짧아서 밖으로 거의
보이지 않지만 수컷의 송곳니는 길게 밖으로 뻗어 있어. 수고라니는
송곳니로 서로 힘을 겨루고 서열을 다퉈. 길게 삐져나온 송곳니
때문에 다른 나라에서는 뱀파이어 사슴이라고도 불러.
고라니의 우는 소리를 들어봤어? 귀여운 외모와 달리 울음소리가
기괴해. 고라니는 물사슴이라고도 불리는데 사슴과의 다른 동물들과
달리 물이 있는 곳을 좋아해. 갈대숲 근처에 살고 강과 호수를 유유히
헤엄쳐 다녀.
고라니는 세계 자연 보전 연맹에서 멸종 위기종으로 지정할 만큼
희귀한 동물이야.

그런데
우리나라에만 고라니가 많이 살고 있어!

어떻게 된 걸까? 고라니의 천적이었던 호랑이, 표범, 늑대, 스라소니
같은 맹수들이 우리나라에서 모두 사라져 버렸기 때문이야. 고라니와
영역 다툼을 하던 대륙사슴도 사라져 버려서 우리나라는 고라니의
천국이 되었어. 담비, 너구리, 삵, 수리부엉이, 검독수리가 고라니를
사냥하지만 그 수가 너무 적어.

반대로 고라니의 번식력은 매우 높아서 한번에 3~4마리의 새끼를 낳아. 먹성도 대단해서 농작물에 피해를 입혀. 고라니들이 도시 한가운데로 출몰하기도 하고 도로를 건너다 사고를 당하기도 해. 고라니가 점점 늘고 이런저런 이유로 우리나라에서는 유해 동물로 지정되어 사냥을 허가하고 있어. 도로에서 차에 죽는 고라니가 해마다 6만 마리, 사냥으로 죽는 고라니가 11만 마리라는 거야. 생태학자들은 이런 속도로 고라니가 사라진다면 중국에서처럼 우리나라의 고라니도 급격히 사라질 수 있다고 걱정해. 우리나라에서 고라니가 사라지는 건 지구에서 영영 고라니가 사라지는 일이기 때문이야.

고라니가 말썽을 피우게 된 건 고라니의 잘못이 아니야. 고라니는 낮은 산림의 습지를 좋아하는데, 고라니가 살아갈 곳이 점점 더 줄어들었어. 살 곳이 없는 고라니들이 점점 농촌과 도로, 도시로 출몰하는 거야.

고라니와 함께 살 수는 없는 걸까?

생태학자들은 고라니의 똥이 숲에서 식물을 잘 자라게 한다는 걸 알게 되었어. 고라니가 숲에서 식물을 먹고 그 똥이 다시 식물을 자라게 하는 거야. 고라니의 똥을 비료로 만들 수도 있어. 생태학자들은 고라니의 수를 적절히 유지하며 함께 살아갈 방도를 찾으려고 해.

일런드영양

빌헬름 쿠네르트

영양

여기는 아프리카의 사바나 초원이야. 우람한 영양 1마리가 빠른
걸음으로 걷고 있어. 커다란 일런드영양이야. 빌헬름 쿠네르트라는
독일의 화가가 그렸어. 쿠네르트는 웅장한 자연을 좋아했어.
자연에서 동물들을 있는 모습 그대로 그리고 싶어 했어. 동물뿐
아니라 그 동물이 살고 있는 장소도 그대로! 그래서 빌헬름
쿠네르트의 그림 속 풍경은 그냥 풍경이 아니야. 그 동물이 실제로
살고 있는 곳, 바로 거기야!
그림을 봐. 마른 풀 위로 서걱서걱 영양이 걸어가는 발소리마저
들리는 것 같아. 조금씩 다른 색깔로 흔들흔들 시들어 가는 초원의
풀을 봐. 멀리 황량한 언덕이 보이고 나뭇가지도 하얀 구름도
소박하지만 매우 강렬해. 우리 모두 아프리카에 서 있는 것 같아.

영양은 작은 동물일 거라고 생각했는데, 그림 속 영양은 한 덩치 하게
보여. 일런드영양은 수컷의 어깨높이가 1.6미터는 되고 몸무게는
940킬로그램까지 나가. 암컷의 무게도 400킬로그램이야.
쿠네르트의 그림 속에선 일런드영양이 혼자 걸어가고 있지만
아프리카의 건조한 초원에서 수백 마리씩 무리를 지어 사는 초식
동물이야. 커다란 덩치에도 점프 실력이 대단해서 멀리뛰기를 3미터까지
할 수 있고, 사자와 하이에나가 쫓아와도 문제없어. 물을 거의 먹지
않고도 잘 견디기 때문에 아프리카의 건조한 초원에서도 잘 살아.
일런드영양보다 더 커다란 영양도 있는데 이름이 자이언트일런드야.
어깨까지 높이가 1.8미터, 몸길이가 2미터를 넘고 어떤 것은 3미터에
가까워.
자이언트일런드는 황갈색 털에 등, 옆구리, 배의 몸통에 세로로 하얀
줄무늬가 있어. 밤에 풀을 뜯고 물을 자주 먹어야 해.
자이언트일런드는 15~25마리씩 무리를 지어 살아. 몸집이 크지만
초식 동물답게 경계심이 대단하고 행동이 민첩해. 위험을 감지하고
도망칠 때는 시속 70킬로미터로 달릴 수 있어.
가장 작은 영양은 꼬마영양이야. 이름처럼 정말 작아. 어깨높이가
겨우 25센티미터이고 무게는 3킬로그램이야. 작아서 눈에 잘 띄지
않지만 아프리카의 강가나 습지의 덤불숲에 살아. 토끼처럼 앞다리가
짧고 뒷다리가 길어. 겁이 많아!

커도 작아도
점프 실력이 대단해!

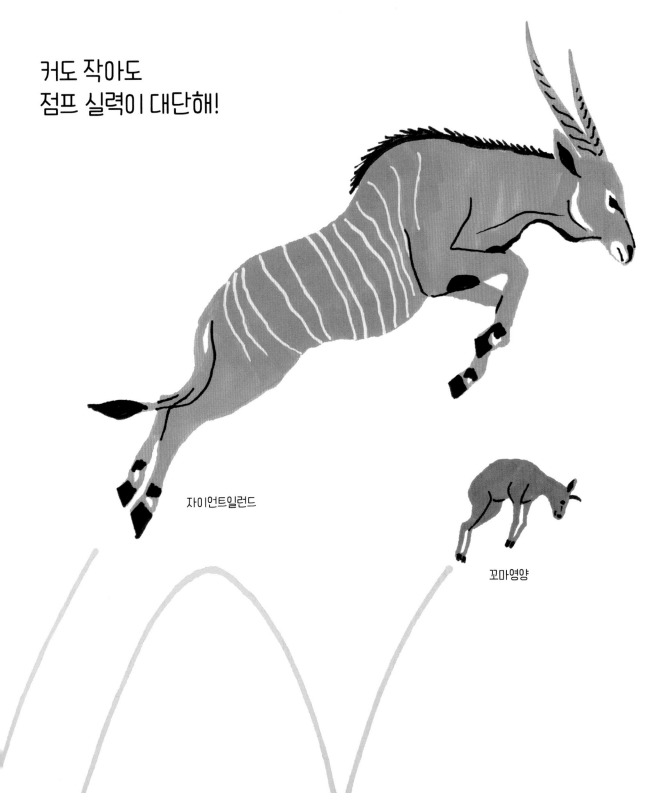

자이언트일런드

꼬마영양

영양은 소를 닮았지만 소도 아니고, 염소를 닮았지만 염소도 아니고,
사슴을 닮았지만 사슴도 아니야. 산양을 닮았지만 양도 아니야.
영양은 아프리카 초원에서 가장 많이 볼 수 있는 초식 동물이야.
먹이를 따라 넓은 초원을 이동하면서 살아. 크기도 다양하고
생김새도 다양해. 암수 모두 뿔이 나는 것, 수컷만 뿔이 나는 것, 물을
좋아하는 것, 물을 거의 먹지 않고도 사는 것, 10마리쯤 무리를 짓는
것, 500마리쯤 떼를 짓는 것, 탁 트인 초원에 사는 것, 덤불숲에 사는
것, 일런드영양, 꼬마영양, 오릭스영양, 검은영양, 론영양, 가젤영양,
임팔라, 스프링복, 작은영양, 오리비영양, 게레눅, 클라크가젤, 겜스복,
인도영양, 큰코영양…… 100종류의 영양이 있어.
소, 사슴, 양, 염소, 영양은 다른데 같아. 뭐가 같을까?
모두 발굽이 있고, 발굽이 2개로 갈라진 동물이야!

발굽이 있는 동물은 모두 초식 동물이야!
왜 그럴까?

발굽이 있는 건 오로지 잘 달리기 위해서야! 초식 동물은 육식
동물처럼 날카로운 이빨과 발톱이 없어. 그 대신 단단한 발굽이 있어.
발굽은 발톱이 넓적하고 단단하게 변한 거야. 포식자를 피해
필사적으로 달리려고 말이야!

우리는 모두 발굽 동물이야!
발굽이 2개로 갈라져 있어!

토끼는 초식 동물이지만 발굽이 없어. 발굽이 있는 동물은 대부분 몸집이 커다란 초식 동물이야.

포유동물은 보통 4~5개의 발가락이 있고 끝에는 발톱이 달려 있어. 하지만 어떤 동물들은 발가락 몇 개가 퇴화하거나 아예 사라지고 1~2개만 남아서 넓적하고 단단한 발굽으로 변했어.

발굽 동물 중에 가장 힘이 세고 빨리 달릴 수 있는 동물은 단연코 말이야. 말은 세 번째 발가락만 남아서 단단한 발굽으로 변하고 나머지 발가락은 모두 퇴화했어. 하지만 남은 1개의 발가락이 강력한 발굽이 되었어. 말이 전속력으로 달릴 때는 발굽 1개에 자기 몸무게의 10배나 되는 힘이 실려.

소는 세 번째와 네 번째 발가락이 발굽으로 변했어. 두 번째와 다섯 번째 발가락은 퇴화되고 첫 번째 발가락은 완전히 사라졌어.

발굽이 2개, 또는 4개로 갈라진 동물을 우제목이라고 해.

소, 사슴, 낙타, 기린, 돼지, 영양은 발굽이 2개로 갈라져 있어. 하마는 4개로 갈라져 있어.

우제목 동물은 잡식성인 돼지를 빼고 대부분 초식 동물이고, 되새김질을 해. 우제목 동물의 위는 4개이고, 첫 번째 위와 두 번째

위에서 풀을 도로 게워 내 질근질근 하루 종일 씹어. 웬만큼
물렁물렁해진 풀죽이 세 번째 위로 내려가. 세 번째 위에서 걸러
마지막으로 네 번째 위에서 소화를 해. 네 번째 위가 진짜 위야!

옛날에는 유라시아 북부의 드넓은 평원에도 영양들이 살았어.
사이가영양은 아주 오래된 발굽 동물이야. 코가 커서 큰코영양이라
불렸는데 추운 곳에서 살기 때문에 큰 코가 차가운 공기를 데워 주는
거야. 200년 전에는 유라시아 북부를 여행하던 사람들이
사이가영양을 많이 보았다고 기록으로 전해져.

하지만 이곳에도 사냥꾼이 몰려들었어. 사이가영양의 고기와 가죽,
뿔을 얻으려고 말이야.

사냥꾼들은 잔인한 방법으로 사이가영양을 사냥했어. 평원에 거대한
구덩이를 파고 구덩이 속에 갈대 줄기를 박았어. 구덩이로
사이가영양을 몰아 빠트렸는데, 영양들이 구덩이에 떨어져 뾰족한
갈대 줄기에 꽂혔어. 그다음에 말 탄 사냥꾼들이 질주해 와 칼을
휘둘러 죽였어. 이런 방법으로 한 번에 1만 2천 마리의 사이가영양을
사냥했어.

대학살이 수천 번 일어났어. 사이가영양 100만 마리가 죽임을 당했어.
드넓은 평원을 누비던 사이가영양이 거의 다 사라질 때까지!
1919년이 되자 겨우 1천 마리가 살아남았을 뿐이야. 그제야
사이가영양에 대한 사냥이 법으로 금지되었어.

버펄로 사냥에서 일어난 일
프레데릭 레밍턴, 1908년, 길크리스 미술관

들소

헉! 무슨 일이 일어난 걸까?

거대한 들소의 등에 말이 올라타 있어! 말 머리에 걸터앉은

인디언은 방금이라도 앞으로 고꾸라질 것 같고!

어떻게 된 거야?

말이 어떻게 들소에 올라 타? 말이 뭐 하러? 왜? 그럴 리 없잖아!

도대체 무슨 일이 일어난 걸까?

그걸 알려면 100년 전으로 돌아가야 해. 아니 200년 전으로 돌아가.

눈을 감고 상상해 봐.

여기는 1800년도 초 어느 날 북아메리카의 대초원이야.

거기에 들소 떼가 살고 있어! 이 들소들이 버펄로라고 불리는

아메리카들소야.

보여? 아득히 북아메리카 대평원에 들소 떼가 무리지어 있어.
들소 무리의 길이가 자그마치 80킬로미터, 너비가 30킬로미터라면
믿을 수 있겠어? 얼마 만큼인지 모르겠다고? 북아메리카 대평원에
서울보다 4배 더 넓은 면적에 새까맣게 들소 떼가 모여 있다고
상상해 봐!

북아메리카 대평원의 들소 떼는 지구의 역사를 통틀어 가장 거대한 동물
집단이었어.

들소가 어떻게 그렇게 거대한 집단을 이루며 살게 되었는지는
미스터리야. 고고학자들은 빙하 시대부터 인간이 들소를 사냥했기
때문일 거라 추측해.

집단이 커질수록 포식자로부터 안전해. 무리가 커지자 짝짓기는 점점
더 치열해졌어. 수컷들이 서로를 향해 전속력으로 달려들어 머리를
부딪치며 힘을 과시해. 들소는 머리가 점점 더 커지는 쪽으로, 앞발의
힘은 더욱 세지고, 암컷에게 더 매력적으로 보이도록 어깨는 더
풍성한 털로 뒤덮이게 진화되었어.

들소는 몸집이 거대하지만 성격이 매우 온순해. 수천수만 마리가
무리지어 대평원을 누비지만 자기보다 약한 동물들에게는 언제나
길을 열어 줘.

네가 만약 대평원에서 거대한 들소 떼를 만난다고 해도 들소들을
위협하지 않는 한 너는 아무 탈 없이 살아서 밖으로 나올 거야!

들소는 북아메리카에서 가장 번성한 포유동물이야.
몸집이 거대하고 힘이 굉장해!

초원에서 풀만 먹고
위풍당당 이렇게 자라!

들소들은 무리지어 신선한 풀을 찾아 떠돌아.

들소가 없다면 대평원도 없을 거야.
들소의 오줌 덕분에 토양이 비옥해져.
들소가 많아지면 풀이 많아지고
풀이 많아지면 들소가 더욱 많아져!

북아메리카 대평원의 들소들은 오랫동안 인디언과 함께 평화롭게
살았어.

인디언은 1년 내내 들소를 따라다녔어. 왜냐고? 들소 고기를 먹고
들소 가죽으로 옷과 신발을 만들고 움막을 지었거든.

인디언은 먹을 것과 입을 것을 위해 아주 조금씩만 들소를 사냥했어.
그 대신 늑대 떼로부터 어린 들소를 지켜주고, 들소가 새끼를 배는
봄이나 여름철에는 사냥을 하지 않았어. 들소를 사냥할 때는 느리고
약한 들소를 1마리씩만 사냥해. 사냥을 나갈 때는 부족을 위해
희생하는 들소를 위해 제사를 지내 주었어.

하지만 아메리카 대륙에 백인이 오고부터 용맹한 인디언과 온순한 들소
무리에게 재앙이 닥쳐!

백인은 북아메리카 평원에서 인디언을 몰아내고 땅을 차지하려고
했어. 하지만 인디언은 수가 많고, 아주 용맹하기 때문에 총칼로
무장한 백인들 앞에서도 굴하지 않았어.

백인은 전략을 바꾸었어. 아메리카 대평원에서 들소 떼를 없애기로
한 거야.

인디언은 오직 들소에 의지해 살아가기 때문에 들소가 사라지면
인디언은 굶주림과 추위로 죽어갈 거야.

백인은 군대를 동원해 들소를 사냥했어. 인디언은 눈앞에서 오랜
친구들이 떼 죽임을 당하는 걸 지켜봐야 했어.

들소를 사냥하기는 너무 쉬워! 들소는 몸집이 거대하고 힘이 굉장하지만 수줍음을 많이 타고 온순하기만 해. 사람들이 괴롭혀도 덤벼들거나 공격하지 않았어. 퍼붓는 총탄 속에서도 가능한 한 멀리 달아나려고 할 뿐이었어. 이리 뛰고 저리 뛰고, 자기들끼리 엉키고 밟혀 달아날 수조차 없었어. 한곳에 몰려 공포에 질린 채 우왕좌왕하는 들소 떼를 사냥하기는 식은 죽 먹기야. 말을 탈 줄 알고 총을 쏠 줄 아는 사람은 누구나 들소를 사냥하러 떠났어. 철도 회사에서는 이런 광고를 냈어.

말을 타지 못해도 상관없어요, 기차를 타고 달리며 창문으로 들소를 죽일 수 있어요! 센트럴퍼시픽 철도 회사와 짜릿한 들소 사냥을!

아무것도 모르는 들소들이 철로 주변에서 평화롭게 풀을 뜯고 있어. 들소 떼가 가까워지면 기차의 속도가 느려져. 바로 그때야! 탕! 탕! 타다다다다땅! 승강구마다 창문마다 총구가 불을 뿜어. 기차가 다시 속력을 내며 떠나간 자리에는 새까맣게 시체가 쌓여.

들소의 무덤이야!
들소 뼈가 산처럼 쌓여 있어!

총살 당한 들소가 몇 만 마리인지 셀 수도 없어!

백인의 계획은 성공했어. 북아메리카 대평원에서 순식간에 들소가
사라지고 백인은 인디언을 굴복시켰어.

백인들은 뒤늦게 들소 가죽이 아주 쓸모가 많다는 걸 알게 돼. 뼈로는
비료와 검은 물감을 만들 수 있다는 것도 알게 되었어.

들소의 가죽과 뼈를 얻기 위해 또다시 사냥이 시작되었어. 얼마 남지
않은 들소 떼가 안전한 곳을 찾아 서부 끝까지 달아났어. 사냥꾼들은
끝까지 쫓아갔고, 마지막 남은 들소까지 살해했어. 1883년 중반,
이렇게 미국의 거의 모든 들소가 사라졌어.

들소 사냥이 시작되고 50년 만에
북아메리카 대륙에서 7500만 마리의 들소가
완전히 사라져 버렸어!

백인 사냥꾼 한 사람이 적게는 1천 마리, 많게는 2천 마리씩 죽인
거야. 광활한 북아메리카 대평원에서 그렇게 들소가 사라져갔어.

이제 다시 그림을 봐. 제목이 〈버펄로 사냥에서 일어난 일〉이야.
1908년에 미국의 화가 프레데릭 레밍턴이 그린 거야.

레밍턴은 미국 서부의 풍경과 인물을 많이 그렸어. 군인, 카우보이,

인디언을 특히 많이 그렸는데 레밍턴의 그림들을 보면 오래된 서부
영화를 보는 것 같아. 〈버펄로 사냥에서 일어난 일〉도 마치 방금
눈앞에서 일어나는 일을 카메라로 순간 포착한 것만 같아. 뿌옇게
흙먼지가 일고 그림자마저 생생해. 그림자의 길이를 보면 아직 이른
낮이고, 햇볕이 뜨겁게 내리쬐는 대평원이야.

그리고 무슨 일인가 일어났어. 들소 무리에서 1마리가 앞으로
튀어나왔어!

인디언이 말을 타고 들소를 향해 돌진한 걸까? 성난 들소가 말을 향해
돌진한 걸까? 어느 쪽인 것 같아?

화가가 이 그림을 그렸을 땐 들소 무리가 거의 사라졌고, 어쩌면 들소
사냥에 관한 소문만 무성했을지 몰라. 어쩌면 오래 전 들소의 전설을
듣고, 성난 들소와 인디언 용사를 상상하며 그렸을지도 몰라.

레밍턴은 이 그림을 그리고 이듬해에 세상을 떠났어.

겨우 48살이었는데 말이야.

지구에서 가장 거대했던 들소 무리는 그렇게 영영 사라졌어. 미국의
국립 야생 동물 보호 구역과 농장에 적은 수가 살고 있을 뿐이야.

누비아기린

자크 로랑 아가스, 1827년, 로얄 컬렉션 트러스트

기린

기린이 목을 빼고 내려다보고 있어. 시큰둥하고 우울해 보여.

터번을 두른 아라비아 시종 2명이 쟁반을 받쳐 들고 중절모를 쓴 신사도 심각하게 쟁반을 들여다봐. 기린에게 억지로 물을 마시게 하려는 건지, 방금 받은 기린의 소변을 들여다보는 건지는 알 수 없어. 왜냐하면 지금 기린이 아프기 때문이야.

여기는 기린의 고향이 아니야. 기린은 얼마 전 북아프리카를 떠나 영국의 왕실 동물원으로 실려 왔어. 1827년, 이집트 총독이 영국 왕 조지 4세에게 기린을 선물로 보냈어. 기린을 낙타 등에 묶어 나일강까지 데려가서 배에 싣고, 알렉산드리아 항구에서 다시 영국으로 가는 무역선에 실어 보냈어. 기린을 싣느라 배의 갑판에 구멍을 뚫었어. 며칠 후 기린은 워털루 다리에 도착해 마침내 영국 왕이 기다리고 있는 윈저 궁으로 오게 되었어.

그때까지 유럽 사람들은 진짜 기린을 본 적이 없었어. 기린이 패션 잡지에 실리고 온 유럽에 기린 무늬 벽지, 기린 무늬 드레스, 기린 무늬 상품이 유행하게 되었어.

기린은 어떻게 되었을까?

아라비아 사육사 2명이 지극 정성으로 보살폈지만 기린은 2년 뒤에 죽고 말았어. 배에 실려 오면서 벌써 네 다리를 다쳤거든. 기린은 해부되어 가죽과 뼈가 런던 동물학회로 보내졌다가 1855년까지 박물관에 전시되었는데, 박물관이 문을 닫은 뒤에는 행방을 몰라.

하지만 누비아기린은 한 점의 훌륭한 초상화로 남았어. 조지 왕이 화가 자크 로랑 아가스에게 그림을 의뢰했기 때문이야.

자크 로랑 아가스는 해부학과 수의학을 공부한 뛰어난 동물 화가였는데, 누비아의 기린을 멋지게 초상화로 그려 주었어. 기린을 돌본 성실한 아라비아 사육사 2명과 진기명기한 동물을 사들이며 왕실 동물원을 책임지던 에드워드 크로스도 함께 말이야. 연미복을 차려입고 실크 중절모자를 쓴 신사가 보이지?

하지만 이건 감금된 고귀한 동물의 슬픈 초상화야.

우리는 아프리카 대초원의 기린을 보러 가기로 해.

기린이 순하고 온순한 동물로 보여?

결코 그렇지 않아! **기린은 목이 정말로 길어. 길기만 한 게 아니라 기린의 목 힘은 엄청나!**

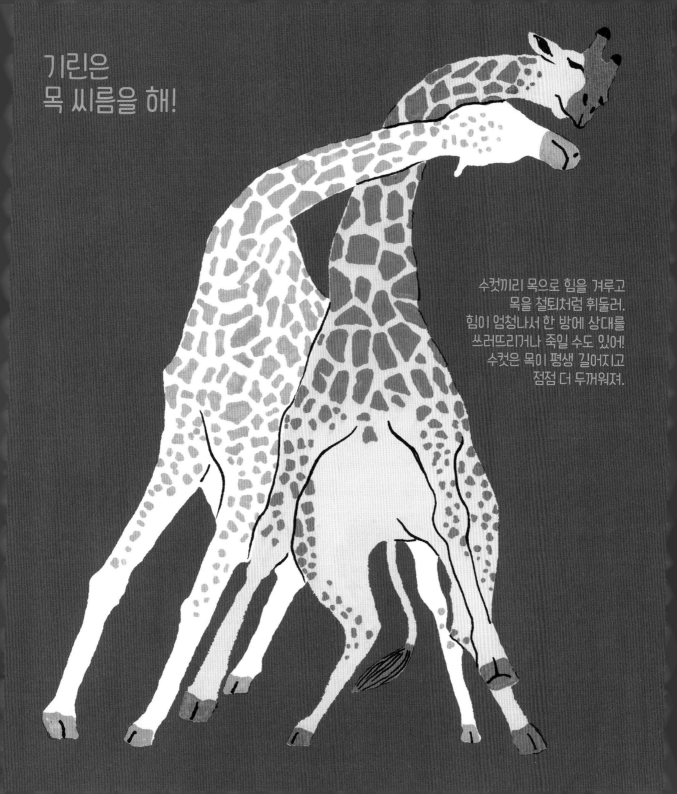

기린은
목 씨름을 해!

수컷끼리 목으로 힘을 겨루고
목을 철퇴처럼 휘둘러.
힘이 엄청나서 한 방에 상대를
쓰러뜨리거나 죽일 수도 있어!
수컷은 목이 평생 길어지고
점점 더 두꺼워져.

기린의 두개골은 아주 무거워. 권투 선수용 펀치 백보다도
무겁다니까. 단단한 머리에 뿔이 5개나 돋아 있어. 얼핏 보면 기린의
뿔이 2개뿐인 것 같지만, 코 위에도 하나 있고 귀 뒤쪽에도 하나씩
뿔이 볼록 튀어나와 있어.

기린은 태어날 때부터 키가 180센티미터인데, 다 자라면 키가
5미터를 넘어. 목이 그렇게 기다란데도 목뼈의 개수는 사람과 똑같이
7개야! 그거 알아? 다람쥐의 목뼈도 7개라는 말씀!

포유동물의 목뼈는 똑같이 7개야. 기린도 다람쥐도!

기린은 일생의 대부분을 먹고 되새김질을 하며 보내. 좋아하는
먹이는 아카시아야. 가시가 너무 많아서 다른 동물은 거들떠보지도
않거든. 하지만 기린은 기다란 목으로 나무 꼭대기에 새로 돋아나는
어린잎도 뜯을 수 있어. 머리를 목과 직각으로 꺾은 자세로 서서
나뭇잎을 뜯을 수 있다니까. 혀가 아주 길어서 나뭇가지를 끌어당겨
혀로 감싸 훑어 먹어. 혀가 자그마치 50센티미터야! 뜨거운 햇볕 아래
하루 종일 기다란 혀를 날름거리며 잎을 뜯다간 혀가 다 타 버릴
지경이야. 그래서 기린의 혀 앞부분은 검붉은 색이야. 멜라닌 색소가
풍부해서 혀가 햇볕에 상하지 않아.

기린의 목뼈를 세어 봐!

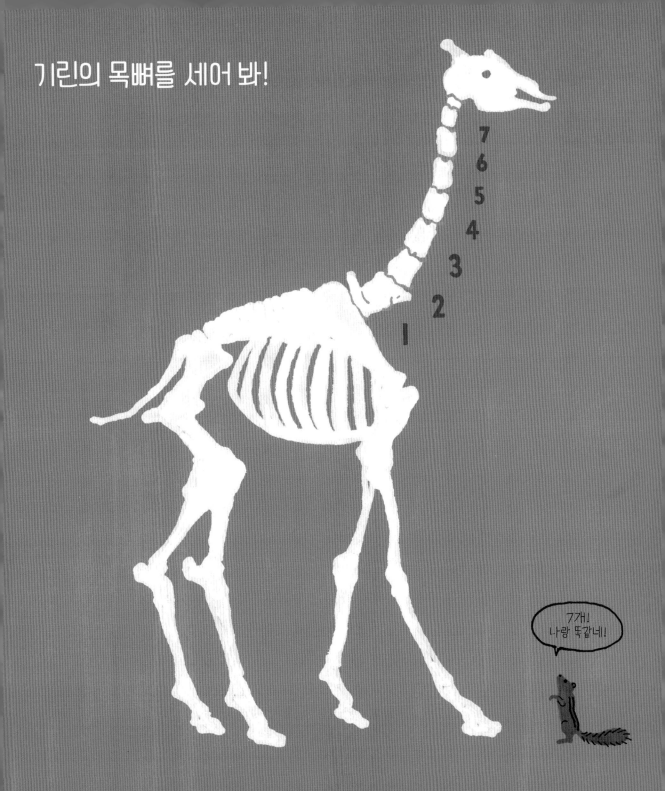

웃지 마!
기린이 물을 마실 땐 이런 자세가 돼!

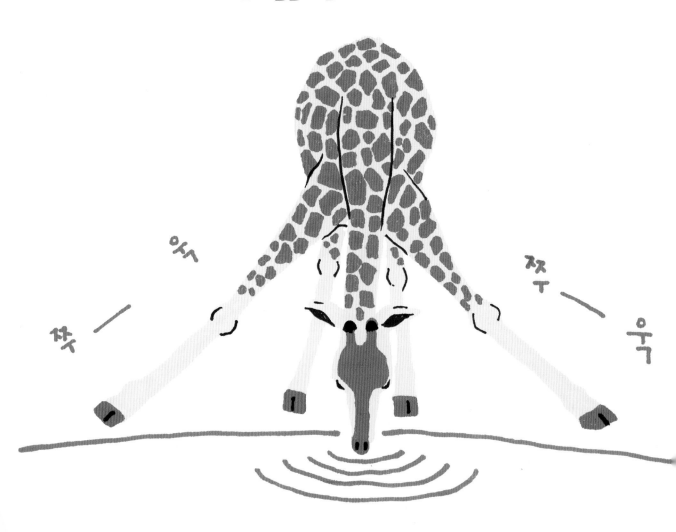

물을 마실 때 뇌로 피가 쏠려도 문제없어!

기다란 몸을 지탱하기 위해 다리 피부가 압박 붕대처럼 두꺼운데도
기린의 다리는 아주 유연해. 거의 180도로 다리 찢기를 할 수 있어.
기린은 앞다리를 이렇게 벌리고 고개를 숙여 물을 마셔.

그런데 물을 마시려고 땅 위 5미터에서 지면으로 머리를 확 숙이면
피가 순식간에 머리로 몰려 뇌혈관이 터져 버리지 않을까? 기린의
심장 무게는 11킬로그램이나 되는데 그렇게 거대한 심장에서 피가
한꺼번에 머리로 몰리면 뇌에 혈압이 올라 쓰러져 버릴 거야.

걱정 마. 기린의 뇌 깊숙한 곳에는 '괴망'이라 불리는 소정맥 덩어리가
들어 있어. 이름이 괴상하지만 생태학자들도 너무 놀라서 그저
'괴상한 혈관망'이라는 뜻으로 그렇게 부르는 거야. 괴망은 무척
중요한 일을 해. 기린이 물을 마시려고 고개를 숙일 때 갑자기 뇌로
피가 몰리면 얼키고설킨 괴망의 소동맥들이 일순간에 확장되면서
잠시 동안 혈압을 떨어뜨려 줘.

그렇긴 해도 기린이 자주 물웅덩이에서 앞다리를 쩍 벌리고 엉거주춤
물을 마셔야 한다면 언제 사자와 악어의 공격을 받을지 몰라.

다행히도 기린은 낙타만큼이나 물이 없어도 되는 동물이야. 기린이
좋아하는 아카시아의 70퍼센트가 물이어서 기린은 거의 물을 마시지
않아도 돼!

인도 델리 교외의 오래된 푸른 타일 모스크
에드윈 로드 윅스, 1885년경, 브루클린 미술관

낙타

여기는 인도야! 델리의 모스크 사원 앞이야. 햇볕이 내리쬐는 이른
아침 같아. 터번을 두르고 총을 든 전사 2명이 쌍봉낙타를 타고
지나는 중이야. 전사 1명이 낙타에서 내려 노인과 이야기를 하고 있어.
노인에게 길을 묻는 걸까? 인도의 전통 복장 도티를 입은 노인이
열심히 설명하고 있어. 하하, 낙타를 봐! 자기도 들어야겠다는 듯이
귀를 쫑긋하고 얼굴을 노인에게 향한 채 열심히 듣고 있어.
이 그림은 에드윈 로드 윅스라는 미국 화가가 그렸어. 윅스는
여행가이자 탐험가였어. 북아프리카에서 페르시아, 인도, 터키까지
위험한 여행을 많이 했어. 낮에는 여행을 하고 밤에는 그림을 그렸어.
인도를 좋아해서 여러 번 인도에 갔는데, 이 그림도 인도를
여행하면서 그렸어.

낙타의 얼굴을 좀 봐! 길을 가다 멈춰 선 낙타가 호기심 가득한
눈으로 노인을 바라보고 있어. 힘든 기색은 하나도 없고 궁금해
죽겠다는 표정이야. 낙타가 더 궁금해지는 그림이지 뭐야. 화가는
몰랐을걸. 원래는 낙타의 고향이 북아메리카였다는 것을 말이야.
맨 처음 낙타는 북아메리카에서 살았어. 낙타는 450만 년 전에
지구에 나타나서 수백만 년 동안 북아메리카에서 살았어. 그 증거가
바로 혹이야!

낙타의 혹엔 무엇이 들어 있을까?
낙타의 혹엔 물이 아니라
지방이 들어 있어!

낙타의 혹은 추운 곳에서 살아남기 위해 생겨난 거야. 낙타는 먹이가
부족할 때 혹에 저장해 둔 지방을 분해해 에너지를 얻어.
180만 년 전 지구에 빙하기가 찾아왔을 때 낙타들이 베링 해협을
건넜어. 지구본을 돌려 봐. 아시아 북쪽 끝과 북아메리카의 서쪽 끝에
좁다란 베링 해협이 있어. 빙하기에 해수면이 낮았을 때 이곳이
육지로 연결되어 있었어. 낙타가 해협을 통과해 아시아로 건너가
중동을 거쳐 마침내 아프리카까지 가게 된 거야. 1만 년 전 빙하기가
끝났을 때 낙타는 북아메리카에서 완전히 사라졌어!

중동을 거쳐 아프리카에 도착한 낙타는
단봉낙타가 되었어.

아시아의 초원에 멈춘 낙타는
쌍봉낙타로 진화했어.

어떤 낙타는 남쪽으로 내려갔어. 그 후예가 라마, 알파카, 과나코,
비쿠냐야. 지금도 남아메리카 고원 지대에 살고 있는 낙타과 동물이야.
낙타는 살기 좋은 북아메리카 평원을 떠나 아시아로, 서쪽으로
서쪽으로, 훨씬 더 살기 힘든 황무지로 갔어.

낙타는 왜 사막으로 갔을까?

어쩌면 빙하기에 아시아 대륙에서 건너온 마스토돈과 들소 같은
거대한 동물들에 치여 낙타는 반대 방향으로 간 건지 몰라. 진짜
이유는 아무도 모르지만 말이야. 하하, 동물원에 간다면 낙타에게
물어봐!
새로운 대륙에 왔지만 낙타는 아시아 대륙에 원래 있던 동물들과의
경쟁에서도 살아남기 힘들었을 거야. 낙타는 싸우기 싫어하고
온순해서 다른 동물이 가지 않는 곳으로, 점점 더 메마른 사막으로
밀려난 것 같아. 거기엔 낙타를 위협하는 동물이 없었어.
하지만 사막에서 살아남기는 여간 힘든 일이 아니야. 물이 없고 먹이도
없고, 사막은 낮과 밤의 온도 차이가 끔찍한 곳이야. 낮에는 기온이
50도까지 치솟고 밤에는 10도 이하로 내려가.
낙타는 다른 동물들과 치열한 생존 경쟁을 벌이기보다 아무도 오지
않는 극한 환경에서 버티며 살아남기 전략을 택한 거야.

낙타는 온몸이
사막에 맞게 특화돼 있어!

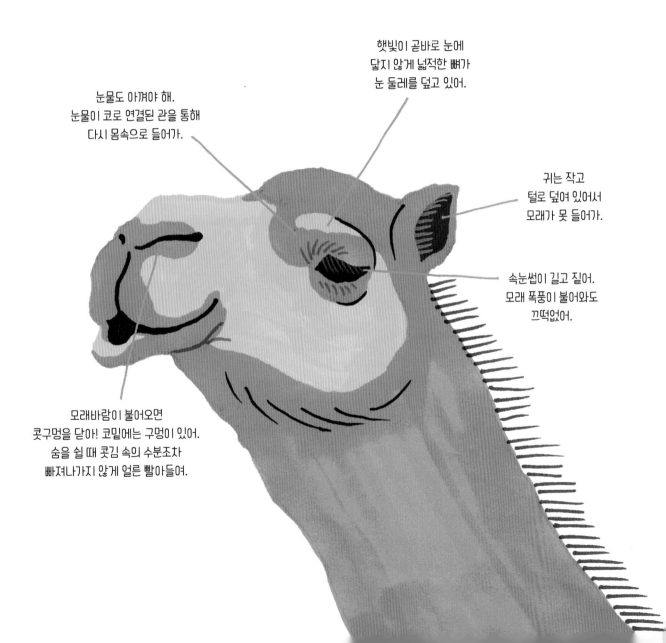

햇빛이 곧바로 눈에
닿지 않게 넓적한 뼈가
눈 둘레를 덮고 있어.

눈물도 아껴야 해.
눈물이 코로 연결된 관을 통해
다시 몸속으로 들어가.

귀는 작고
털로 덮여 있어서
모래가 못 들어가.

속눈썹이 길고 짙어.
모래 폭풍이 불어와도
끄떡없어.

모래바람이 불어오면
콧구멍을 닫아! 코밑에는 구멍이 있어.
숨을 쉴 때 콧김 속의 수분조차
빠져나가지 않게 얼른 빨아들여.

사막에서 살아남는 또 다른 전략은 두툼한 털옷과 기다란 다리야.
뜨거운 사막에서 겹겹이 털옷이라니!
털옷은 피부에서 수분이 증발하는 걸 막아 주고 햇빛을 반사해.
한낮의 뜨거운 열기도 막아 주고 밤에는 냉기를 막아 줘.
낙타는 포유동물이고 정온 동물인데도 체온을 조절할 수 있어. 주변
온도에 따라 한낮에는 스스로 체온을 41도까지 올리고, 밤에는 34
도로 내려! 우리는 체온이 1~2도만 올라도 열이 펄펄 나고 아픈데
말이야.

뜨거운 사막에서 살아남기 위해
낙타는 다리도 아주 길어졌어!

낙타의 발목이 어디 있을까? 찾아봐! 낙타는 발목이 아주 높은 데
있는데, 거의 무릎 위치에 발목이 있어. 발목을 무릎으로 착각할
정도야.
낙타의 무릎은 훨씬 더 위, 몸통 바로 아래쪽에 있어. 몸통을 최대한
위로 올려서 뜨거운 모래 바닥에서 멀리 두려는 전략이야.
낙타야 시원해?
그럼!
뜨거운 모래 바닥보다 기다란 다리 위 몸통 쪽이 10도나 시원해!

발목과 무릎을 찾아봐!

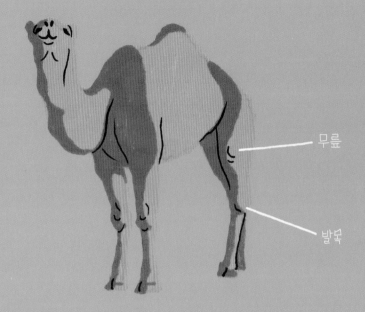

무릎

발목

무릎이 몸통 바로 아래쪽에 있어서
엎드릴 때 이런 자세가 돼.

낙타는 사막에서 무얼 먹고 살까? 닥치는 대로 이것저것 먹어.
가시덤불, 씨앗, 동물의 뼈, 가죽, 뾰족뾰족 선인장 가시라도 질근질근
씹어야 해.

낙타의 입은 단단하고 질겨서 그런 걸 먹어도 다치지 않아. 위턱에는
앞니 대신 근육질로 된 단단한 심이 있고, 이빨도 단단해서 동물의
뼈도 우적우적 씹을 수 있어. 소처럼 되새김질을 하지만 풀이 없을
때는 죽은 동물의 살과 뼈도 먹어. 완전 잡식성이야.

물은 먹을 수 있을 때 최대한 많이 먹어서 핏속 적혈구에 저장해 둬.
낙타는 다른 동물보다 좁다랗고 기다란 적혈구를 가지고 있어서 물이
들어오면 적혈구가 통통해져. 낙타는 물을 먹지 않고도 한 달쯤
거뜬히 견디고, 겨울에는 몇 달 동안 먹이 속에 든 수분만으로도 견뎌.

**혹에는 지방을 저장해. 먹이가 부족하면 혹에 있는 지방을 분해해서
에너지를 얻어. 낙타가 오래 굶으면 혹이 홀쭉해져!**

낙타도 달릴 수 있을까? 당연하지! 하지만 낙타는 결코 달리지 않아.
에너지와 물을 아끼려고 그러는 거야.

200만 년 동안 놀라운 능력으로 살아남았는데, 아프리카의
단봉낙타는 가축이 되었고 아시아의 쌍봉낙타는 멸종 위기종이
되었어. 몽골과 중국의 외진 사막에 1천 마리도 안 되는 쌍봉낙타가
남아 있을 뿐이야.

하늘다람쥐와 노는 소년,
존 싱글턴 코플리, 1765년, 보스턴 미술관

하늘다람쥐

이 그림의 제목은 〈하늘다람쥐와 노는 소년〉이야. 미국 화가 존
싱클턴 코플리가 그렸어. 소년은 화가의 동생이야!

그림이 진짜보다 더 진짜 같아. 소년의 분홍색 코트 깃을 좀 봐.
자연스러운 주름과 노란 조끼의 단추 구멍도!

엄지손가락과 새끼손가락 사이에 걸친 가느다란 금목걸이가 보여?
찰랑찰랑 투명한 물잔을 지나 목걸이의 다른 쪽 끝은 하늘다람쥐로
이어지고 있어.

하늘다람쥐가 견과류를 움켜쥐고 갉아먹고 있잖아! 초롱초롱 커다란
눈에 배는 하얗고, 앙증맞은 발가락, 부스스한 꼬리털까지 섬세하게
그려져 있어. 하지만 소년은 이 모든 것에 관심이 없다는 듯이 딴
곳을 바라보고 있어. 무슨 생각을 하는 걸까?

하하, 형이 그림을 그리는 동안 소년은 너무 힘들었을 거야.

하늘다람쥐도!

소년은 하늘다람쥐를 애완동물로 기른 것 같아. 18, 19세기에는 아이들이 날다람쥐나 하늘다람쥐를 애완용으로 기르는 게 유행이었어. 둥지에서 어릴 때 잡아 오면 길들일 수 있었기 때문이야. 지금도 하늘다람쥐를 애완동물로 기르는 사람이 있어. 하지만 우리나라의 하늘다람쥐는 멸종 위기 야생 생물 Ⅱ급이야. 집에서 애완동물로 기르면 안 돼!

하늘다람쥐는 바늘잎나무와 넓은잎나무가 골고루 있는 건강한 숲에 사는데, 숲이 점점 줄어들어 하늘다람쥐의 서식지가 사라지고 있어. 하늘다람쥐는 스스로 둥지를 짓지 않고, 다른 새가 알을 깨고 나간 빈 둥지에 보금자리를 틀어. 딱따구리가 나무에 파 놓은 구멍을 제일 좋아해. 딱따구리는 나무 구멍을 아래로 깊게 파 둥지를 만들어. 비바람을 피하고 천적도 피하고, 하늘다람쥐에게 이보다 더 좋은 보금자리가 어디 있겠어?

하늘다람쥐는 네 발 달린 포유동물이면서 하늘을 날아. 하지만 박쥐처럼 비막을 펄럭여 하늘을 나는 건 아니야. 하늘다람쥐는 비막을 이용해 위에서 아래로 활공해. 비막은 앞다리와 뒷다리 사이에 걸쳐 있는 얇은 피부막인데, 비막을 활짝 펼쳐서 기류를 이용해 아래로 내려오는 거야!

하늘다람쥐는 이렇게 날아!

네 다리를 뻗어 비막을 활짝 펼치고 꼬리로 균형을 잡아.
이렇게 90미터까지 기류를 타고 활공할 수 있어.

하늘다람쥐는 비행기가 나는 원리로 하늘을 날아. 비막을 펼치고
몸을 납작하게 한 다음, 비막의 위쪽을 둥글게 만들어. 공기가 비막의
둥근 쪽으로 빠르게 움직여서 비막의 위아래에 공기의 압력차가
생겨. 비막 아래의 공기가 비막을 위로 밀어 올려! 바로바로 공기
양력의 원리야. 비행기는 엔진의 추진력으로 양력을 만들지만
하늘다람쥐는 비막을 펼쳐 양력을 만들어. 이렇게 날아다니면 땅에서
종종걸음 치며 다니는 것보다 에너지가 훨씬 적게 들어.
하지만 문제가 있어. 땅에서 잘 달리지 못한다는 거야. 천적의 눈에
띄기 쉬워. 그래서 하늘다람쥐는 야행성이 되었어.
전 세계에 30종류의 하늘다람쥐가 있는데 하늘다람쥐는 모두
야행성이야.
하늘다람쥐는 위의 나무에서 아래의 나무로 활공하며 다니기 때문에
땅에서는 거의 볼 수 없어. 해질 무렵이나 동트기 직전에 먹이를
찾아다녀. 주로 딱딱한 열매와 씨앗, 나무의 싹을 먹고 간혹 곤충을
발견하면 먹기도 해.
얼굴에는 길고 딱딱한 수염이 양쪽에 30개 있어. 시력이 나빠서
가까이 있는 물체를 잘 보지 못하지만, 수염으로 물체를 감지해.
봄부터 여름 사이에 새끼를 2~6마리 낳아 기르는데, 새끼는 60일
동안 어미젖을 먹고 자라. 6주부터 어미에게 나는 법을 배우고
10주면 둥지를 떠나.

안녕!

우리나라에 사는 토종 하늘다람쥐야.
몸길이 12~13센티미터, 꼬리 11~12센티미터, 몸무게 60그램으로
머리가 동그랗고 꼬리에 긴 털이 북슬북슬해.
등 쪽은 회갈색, 배 쪽은 흰색이야

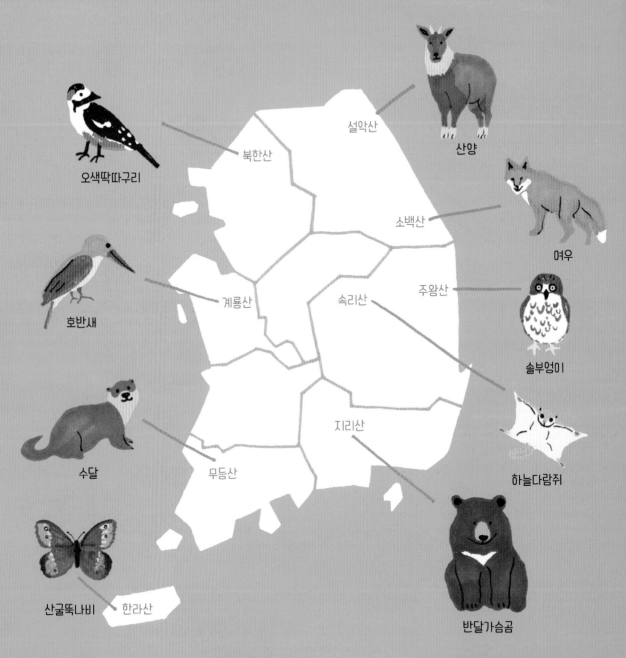

오색딱따구리

산양

여우

북한산

설악산

소백산

호반새

계룡산

속리산

주왕산

솔부엉이

수달

무등산

지리산

하늘다람쥐

산굴뚝나비 한라산

반달가슴곰

하늘다람쥐는 속리산의 깃대종이야!

깃대종이 뭐냐고? 어떤 지역의 생태계를 대표하는 중요한
동식물이라는 뜻이야.
지리산의 깃대종은 반달가슴곰이야. 산양은 설악산의 깃대종이야.
국립 공원마다 깃대종이 있는데 하늘다람쥐는 속리산의 깃대종이야.

하늘다람쥐는
우리나라 사람들이 가장 좋아하는
깃대종으로 뽑혔어!

얼마 전 속리산 국립 공원 무인 카메라에 나무 구멍 속을 들락날락
밤낮없이 움직이는 하늘다람쥐가 찍혔어.
너희도 봐. 지금 당장!

수박과 들쥐(신사임당 초충도)

전(傳) 신사임당, 조선 시대, 국립 중앙 박물관

커다란 수박 덩이가 밭에 있어. 앗, 수박 통 밑에 커다랗게 구멍이
뚫렸잖아! 씨가 무수히 박힌 빨간 속살이 훤히 보여. 들쥐 2마리가
열심히 수박을 먹는 중이야! 〈수박과 들쥐〉라는 그림이야. 이런 그림을
'초충도'라고 부르는데 풀과 벌레를 그린 그림이라는 뜻이야. 그림이
단순하고 쉽고 예뻐서 조선 시대 여인들이 한 땀 한 땀 자수를 놓을 때
밑 본으로 많이 사용되었어.

누가 그렸을까? 조선 시대에 신사임당이 그렸어. 대학자 율곡 이이의
어머니 말이야. 신사임당은 글씨를 잘 쓰고 수를 잘 놓고 무엇보다
그림을 잘 그렸다고 해. 그림을 그리는 여인이 거의 없던 시대에 말이야.
꽃과 풀과 나비가 어우러진 초충도는 자연의 모습을 그대로 그린 것이
아니라 그 뜻을 담은 그림이야. 무슨 뜻일까?

덩굴에 주렁주렁 열리는 수박은 자손이 끊이지 않고 계속 번성하라는
뜻이야. 수박은 땅에서 기는 덩굴 식물인데도 공중으로 커다랗게
휘어지게 그린 건, 바라는 대로 이루어지기를 기원한다는 뜻이야.
나비 한쌍과 패랭이 꽃, 들쥐 2마리에도 뜻이 숨어 있어. 나비가
날아다닌다는 건 추운 겨울이 지나고 봄이 왔다는 뜻이잖아? 나비는
기쁨을 상징해. 오래오래 살라는 뜻이기도 해. 빨간 나비는 연분홍
치마를 입은 새색시를, 날개 위는 검게 아래는 희게 그린 나비는 갓을
쓴 선비 같아. 나비 한쌍은 금슬 좋은 부부를 상징해. 패랭이꽃은
꼿꼿한 청춘을 뜻하고, 밝은색 쥐와 검은색 쥐는 낮과 밤을
상징하는데 흘러가는 세월을 뜻하는 거야. 어쩌면 이건 신사임당이
아들이나 딸을 시집 장가 보내며 병풍에 그려 준 그림일지 몰라.
어머니의 사랑이 듬뿍 느껴지는 그림이지 뭐야. 국립 중앙 박물관에
간다면 꼭 신사임당의 초충도 병풍을 찾아봐. 〈수박과 들쥐〉가
거기에 있어.
신사임당의 그림에서 우리의 주인공은 당연히 쥐야!
쥐는 포유동물 설치목에 속해. 설치목이 뭐냐고? 이빨로 갉아먹는
녀석들이란 뜻이야. 앞니가 계속 자라서 끝없이 갉아 대야 해.
쥐, 다람쥐, 호저, 청설모, 비버, 기니피그, 카피바라, 친칠라……
포유동물 설치목에 수많은 동물들이 있어.
지구에 포유동물이 모두 5800여 종인데 설치목이 1800종이야!

포유동물의 3분의 1이 설치류야!
종류도 가장 많고 수도 가장 많아!

설치목 중에서도 쥐는 가장 번성한 종족이야. 어찌나 많은지
설치목을 그냥 쥐목이라고 부르기도 해.

쥐는 3600만 년 전쯤 지구에 나타나 모든 곳으로 퍼져 나갔어.
아프리카부드러운털쥐, 동남아시아가시쥐, 호주물쥐, 팜쥐,
히말라야쥐, 크리스마스섬쥐, 필리핀숲쥐, 사탕수수밭쥐,
인도네시아부드러운털쥐, 오스트레일리아검은쥐, 케랄라쥐,
튀르게스탄쥐, 민도로검은쥐, 케이프요크쥐, 티모르쥐, 타위타위숲쥐,
곰쥐, 불독쥐, 검은발물쥐, 긴털쥐, 생쥐, 논쥐, 엷은색들쥐…….
헉헉, 도대체 동물학자들은 어떻게 쥐의 이름을 다 정하는 걸까.
너무 작아서 사람들 눈에 거의 띄지 않지만, 쥐는 숲에 가장 많이
살고 있는 포유동물이야. 잡목을 헤치고 바쁘게 돌아다녀. 싹, 곤충,
씨앗을 먹고 살아. **쥐는 몸집이 작고 신진 대사가 너무 빨라서 체온을
유지하려면 끝없이 먹어야 해.** 하루에 자기 몸무게만큼 먹어야
한다니까. 여름에는 숲에 먹을 것이 많기 때문에 느긋하지만,
겨울에는 나무 밑에 굴을 파고 식량을 저장해야 해.

쥐는 뛰어난 건축가야. 집의 입구 옆에 수직으로 깊고 기다랗게
통로를 뚫어. 여우, 담비, 올빼미, 족제비, 너구리…… 수많은 동물이
쥐를 사냥하기 때문에 언제 위험이 닥칠지 몰라. 얼른 땅속으로
도망쳐야 할 때 수직 통로로 뛰어 들어가. 수직 통로를 필요 이상으로
엄청나게 깊게 판다니까!

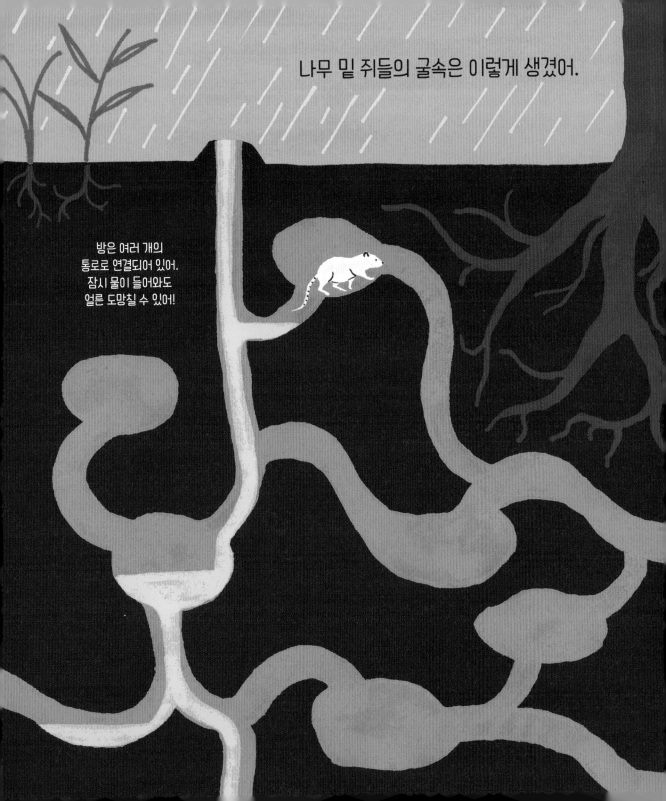

나무 밑 쥐들의 굴속은 이렇게 생겼어.

방은 여러 개의
통로로 연결되어 있어.
잠시 물이 들어와도
얼른 도망칠 수 있어!

아무리 추운 겨울이 와도 낙엽 아래 숲의 바닥은 몇 센티미터밖에 얼지 않기 때문에 쥐들의 집은 겨울에도 5도를 유지해. 녀석들은 바람이 전혀 들지 않는 곳을 잘도 찾아 집을 짓기 때문에 겨울에도 끄떡없어.

쥐는 남극과 바다를 제외하고 지구의 모든 곳에 살아!

아니, 사실은 얼마 전부터 남극에도 쥐가 살고 있어. 남극 기지 연구소의 식량 보급 상자를 따라 녀석들이 남극에도 진입했다니까. 바로바로 생쥐들이야.

생쥐는 원래 인도 북부의 야생에서 수백만 년 동안 살았어. 인간이 지구에 없었을 때도 말이야. 하지만 1만 년 전 인류가 농사를 짓고부터 생쥐는 사는 장소를 바꾸었어. 사람의 곡식 창고로! 언제나 따뜻하고, 들에서 땅을 파헤치며 씨앗을 찾아 헤맬 필요가 없어. 이제 사람이 있는 곳이라면 어디에나 생쥐가 살아. 북극에도, 베링해에도, 하수구에도, 고기 냉동고와 지하철 터널에도!

생쥐가 지구에 널리 퍼지게 된 건 녀석들이 무엇이나 먹을 수 있기 때문이야. 씨앗, 뿌리, 곤충, 유충, 음식 찌꺼기……

물은 이슬 몇 방울이면 돼.

생쥐는 번식력도 엄청나. 태어난 지 한 달이면 임신을 할 수 있는데 생쥐 한쌍이 1년 동안 새끼를 500마리 낳아.

수컷 1마리가 여러 마리 암컷을 거느리고 새끼들과 함께 살아.

생쥐 다음으로 가장 많은 쥐는 시궁쥐야. 집쥐라고도 불러.

시궁쥐는 원래 몽골의 초원에서 살았어. 하지만 사람들의 세계에 도시가 늘어나자 초원을 건너 볼가강을 헤엄쳐 서유럽으로 갔어. 거기서 배를 타고 전 세계의 항구로 퍼져 나갔어. 시궁쥐는 시골과 도시에서 곰쥐를 몰아내고 마을을 점령했어.

시궁쥐는 3일 동안 쉬지 않고 헤엄을 칠 수 있고, 6층 높이에서 떨어져도 끄떡없고, 1미터 높이로 뛰어올라. 가파른 수직 벽을 기어오르는 것도 문제없어. 무엇이든 먹을 수 있지만 곡식을 제일 좋아해. 전 세계 식량의 5분의 1을 시궁쥐가 먹어 치워.

쥐는 몸집이 작아서 심장도 엄청나게 빨리 뛰어. 시궁쥐는 1분에 300~400번 심장이 뛰어. 냄새와 소리로 서로 소통하고 위험을 알릴 때는 사람들이 들을 수 없는 초음파로 비명을 질러.

들려? 지금도 우리가 사는 곳 근처에서 찍찍거리고 있을걸.

인공 지능 프로그램 '딥찍찍'이 쥐들의 초음파를 분석하고 있어.

'딥찍찍'이 분석하기를 쥐는 설탕을 기다릴 때, 친구들과 놀 때 가장 행복하대!

어린 토끼

알브레히트 뒤러, 1502년, 빈 알베르티나 미술관

토끼

그림을 봐! 토끼가 자기 이야기를 하라며 달려와 턱밑에 앉은 것만
같아. 앞발을 다소곳이 내밀고 초롱초롱한 눈에 귀를 쫑긋하고 햇볕
따스한 눈밭에 앉아 있어. 토끼의 털을 좀 봐. 한 올 한 올이 살아 있어.
토끼가 그림에서 튀어나올 것만 같아. 그전까지 수많은 화가들이
토끼를 보았지만, 알브레히트 뒤러처럼 토끼를 보고 토끼를 그린
화가는 처음이야. 화가들이 동물을 들여다볼 만한 가치가 있는 그림의
주제로 생각하지 않았을 때, 뒤러는 동물을 있는 그대로 그려 냈어.
중세 화가의 그림 속 동물은 대부분 종교나 신화에서 무언가를
상징하는데, 뒤러의 토끼는 그냥 토끼야. 어린 토끼!
그림 아래 1502라는 숫자와 AD라는 도안이 보여? 알브레히트 뒤러의
머리글자야. 화가가 직접 그려 넣었어!

알브레히트 뒤러는 시대를 통틀어 최고의 판화가이자 제도공이자
화가였어. 누구도 따라올 수 없을 만큼 재능이 뛰어난데도 부지런히
기술을 익히고 연구하는 화가였고, 마음이 겸손하고 선량한
사람이었어.

화가란 그저 '그림을 잘 그리는 장인'에 지나지 않았던 시대에 뒤러는
화가를 예술가와 왕족의 신분으로 올려놓았어. 그림 속에 살며시
넣은 화가의 서명 속에 예술가의 자부심이 스며 있어.

뒤러는 세계와 자연을 좋아했는데 자연을 찾아다니는 사람만이
진정한 예술가라고 믿으며 여행을 많이 했어. 여행을 다닐 때마다
수채화 가방을 꺼내 그림을 그렸어. 도시, 산, 사람, 나무, 풀, 잎사귀,
꽃을 그리며 극도로 정확하게 채색을 했어. 뒤러는 동물들을 많이
그렸어. 사자, 말, 돼지, 코뿔소, 토끼……. 뒤러의 어린 토끼 습작이
수십 장 남아 있는데 어린 토끼 습작은 그 자체로 걸작품이라고 해.
그렇게 〈어린 토끼〉가 완성된 걸까? 뒤러의 그림 속 〈어린 토끼〉는
산토끼야. 산토끼는 굴을 파지 않고 그냥 땅에서 사는 토끼야. 토끼도
쥐처럼 평생 앞니가 자라. 그런데 설치류가 아니라 따로 토끼목으로
분류해. 쥐는 앞니가 아래위로 한쌍씩 4개이고 그게 평생 자라는데,
토끼는 아래위 한쌍씩 앞니 말고도 안쪽에 안 보이는 앞니가 2개 더 있어.
그건 안 자라.

산토끼와 굴토끼는 완전히 다른 종이야.

우리는 달라!

나는 **굴토끼**야!
굴을 파고
무리를 지어 살아.

나는 **산토끼**야.
굴토끼보다 훨씬 커! 굴을 짓지
않고 혼자 살아. 우리는 절대
길들여지지 않는다고!

굴토끼는 땅속에 복잡한 굴을 파고 무리를 지어 살아. 원래는 유럽
토끼인데 사람들이 다른 대륙에 풀어놓아서 생태계에 문제를
일으키고 있어. 오스트레일리아 대륙에서는 외래종 굴토끼가 식물을
모조리 먹어 치워서 숲이 황폐해지고 캥거루와 코알라가 살 수 없을
지경이 되었어.

우리나라에는 산토끼가 살아. 산토끼는 굴토끼보다 몸집이 더 크고,
무리 짓지 않고 혼자 살아.

굴토끼도 아니고 산토끼도 아니고 완전히 다른 토끼도 있어.
이름이 우는토끼야. 우는토끼라니! 너무 재밌지 뭐야. 녀석은 정말로
우는 토끼야. 삐삐거리며 높은 소리를 내며 우는데 영역을 표시하거나
짝을 부를 때 우는 거야. 우는토끼가 우는 소리를 들어 봐! 미국
레이니어 국립 공원에서 우는토끼의 울음소리를 인터넷에 공개했어.
우는토끼는 굴토끼보다도 몸집이 훨씬 작아. 귀가 동그랗고 작고
꼬리가 거의 안 보여. 쥐처럼 생겨서 쥐토끼라고도 불려.

우는토끼는 추운 곳에서 살아. 북아메리카, 시베리아, 몽골, 티벳
고원에 살고 북한에도 살아. 과일, 곤충, 꽃, 이끼를 먹는데 죽은 새를
먹기도 해. 다른 토끼와 달리 잡식성이야. 겨울잠을 자지 않기 때문에
늦여름부터 가을까지는 겨울에 먹을 식량을 모으느라 바빠. 풀, 관목
식물, 잔가지를 배불리 먹고 남으면 바위에 널어 햇볕에 말려. 건초로
만드는 거야! 그걸 바위틈 보금자리에 숨겨.

안녕, 우는토끼야!

몸길이 12.5~18센티미터, 무게 350그램이야.
귀여운 외모와 달리 생존력이 강하고 영리해.
피카추의 모델이기도 해. 우는토끼의 영어 이름이 피카야!

토끼는 걷지 못해! 깡충깡충 뛸 수만 있어. 눈 위에 찍힌 발자국을
보면 뒷발이 앞발보다 앞에 찍혀. 앞발보다 뒷발이 넓고 길쭉해.
토끼는 눈을 뜨고 자는 것 같지만, 사실은 언제나 쫓기는 신세라서
거의 잠을 안 자. 커다란 귀를 쫑긋거리며 토막토막 하루에 30분
정도밖에 자지 않아.

산토끼는 숲속에서 천적에 둘러싸여 살아. 그리 크지도 작지도 않기
때문에 수많은 동물의 먹이가 돼. 스라소니, 삵, 여우, 담비, 늑대,
표범, 족제비, 검독수리, 매가 토끼를 잡아. 밤에는 수리부엉이와
올빼미가 언제 습격할지 몰라.

산토끼는 커다란 귀를 쫑긋거리며 침입자의 소리에 귀를 기울여.
눈이 양옆에 붙어 있어서 거의 360도를 볼 수 있어. 천적이 나타나면
오르막으로 도망쳐야 돼. 앞다리보다 뒷다리가 길고 튼튼하기 때문에
오르막에서 훨씬 유리해.

평화롭게 사는 것 같지만 어쩌면 토끼의 삶은 긴장과 스트레스의
연속일지 몰라.

굴토끼도 스트레스에 시달려. 굴토끼는 무리를 지어 생활하는데
서열이 매우 엄격해. 수컷은 말할 것도 없고 암컷끼리도 서열이 있어.
서열이 높은 토끼일수록 번식률이 높고, 잠시 평안하지만 서열을
언제 빼앗길지 몰라.

하하, 토끼가 쉴 때는 자기 똥을 먹을 때야.

토끼는 똥을 두 번 눠. 가짜 똥과 진짜 똥!

질긴 풀을 먹는 초식 동물들이 대부분 소화를 시키기 위해 위를 여러 개 가지고 되새김질을 하지만, 토끼는 몸집이 너무 작아서 뱃속에 위를 여러 개 둘 수 없어.

토끼는 여러 개의 위 대신 기다란 맹장을 가지고 있어. 맹장 속에 거친 풀을 소화하는 유익한 미생물이 많이 살아. 거친 풀이 기다란 맹장을 통과하면서 대충 소화되면 무른 똥을 눠. 하지만 완전히 소화되지 않아서 방금 맹장을 빠져나온 똥 속에는 아직도 영양분이 많이 들어 있어. 토끼는 무른 똥을 누자마자 얼른 도로 먹어. 냠냠, 소화가 다시 시작돼.

토끼가 자기 똥을 먹지 못하면 죽어.
똥에 영양분이 가득하기 때문이야!

토끼는 자기 똥을 네 번까지 도로 먹어. 맨 마지막에 나오는 똥이 진짜 똥이야! 산토끼의 똥 지름은 겨우 1~1.5센티미터야. 동글동글 조그만 환약 같아. 손가락으로 누르면 톱밥처럼 부서져. 냄새도 거의 없어. 한번에 100개씩 누는데 뛰어가면서 아무 데나 눠!

잘 가. 토끼야!

고슴도치가 오이를 짊어지다(자위부과)

정선, 조선 시대, 간송 미술관

© 간송미술문화재단

고슴도치

고슴도치야, 어디 가?

고슴도치가 등에 오이를 짊어지고 어디론가 가고 있어.

고슴도치가 어떻게 등에 오이를 짊어졌지?

고슴도치가 오이를 먹나?

가만히 그림을 들여다보면 이상해, 이상해.

오이는 여름에 열리는 채소인데 위쪽에는 활짝 핀 국화꽃이 그려져 있어. 국화는 가을에 피잖아. 화가가 잘못 그린 거야? 그럴 리가!

〈고슴도치가 오이를 짊어지다〉라는 그림 속 풍경이야. 조선 시대의 선비 화가 겸재 정선이 그렸어. 겸재 정선은 독특한 화법으로 금강산과 박연 폭포, 인왕산 같은 웅장한 풍경을 그려 세계를 놀라게 한 화가인데, 공책만 한 작은 종이에 이렇게 귀여운 그림을 그렸다니!

화가가 오이를 등에 지고 가는 고슴도치를 보았을까?

그렇다면 정말로 웃길 거야. 오이를 지고 가는 고슴도치라니!

〈고슴도치가 오이를 짊어지다〉는 자연을 그대로 그린 그림이 아니야.
화가가 누군가에게 선물로 그려 준 그림 같아. 왜냐하면 이 그림에는
정말로 좋은 뜻이 담겨 있거든. 겸재 정선은 누구한테나 선뜻 그림
그려 주기를 좋아했어.

고슴도치와 오이는 '많다'는 것을 상징해. 고슴도치는 몸에 가시가
많이 나 있고, 오이는 덩굴 식물이라서 열매가 주렁주렁 열려. 자손이
끊이지 않고 대대로 이어지기를 바란다는 뜻이야.

국화는 '장수'를 뜻해, 아주아주 오래 살기를 바라는 뜻이 담겨 있어.
그러니까 누군가에게 그런 마음을 담아 그림을 그려 주었을 거야.

그래도 궁금해. 고슴도치가 어떻게 오이를 등에 짊어지는지 말이야.
네가 고슴도치라면 어떻게 하겠어?

하하! 오이 옆으로 가서 데구루루 몸을 굴려 가시에 오이가 박히게
하는 거야! 왜냐하면 고슴도치의 가시는 정말로 뾰족하고
딱딱하거든.

고슴도치의 가시는 속이 비어 있는 털이야. 털이 가시로 변했어. 우리의
손발톱, 머리카락의 성분과 똑같은 케라틴이라는 물질로 되어 있는데
아주 강해. 가시 하나만 잡고 고슴도치를 들어 올려도 가시가
부러지지 않을 정도야.

고슴도치는 등이 온통 가시로 덮여 있어.
작은 몸에 가시가 무려 7500개야!

하지만 배 쪽은 거의 벌거숭이야.
등은 딱딱한 가시로 덮여 있고, 배는 빈약한 털이 듬성듬성해.
저런! 포유동물인데 털이 없다니!

포유동물은 주변의 온도와 상관없이 언제나 같은 체온을 유지하며
살아. 추운 겨울에도 체온을 잃지 않도록 포유동물의 몸에는 털이
있어. 포유동물이 체온을 유지하려면 에너지가 많이 필요해. 네가
먹는 밥의 에너지도 대부분 체온 유지에 쓰인다는 말이야.
고슴도치는 추운 겨울에 체온을 유지하기 너무 힘들어. 딱정벌레,
지렁이, 달팽이를 많이 먹어야 하는데 겨울에는 통 만날 수가 없어.

털도 없고, 먹이도 없고,
할 수 없지!
고슴도치는 겨울잠을 자러 가.

녀석은 땅을 파는 재주는 없어. 대신 낙엽 더미나 마른 덤불 깊숙한
곳에 푹신한 둥지를 틀고 안으로 들어가 몸을 둘둘 말아.
고슴도치는 몸을 공처럼 말 수 있어! 어떤 동물도 고슴도치처럼 몸을
돌돌 말지는 못해. 두더지나 아르마딜로도 적이 나타나면 몸을 돌돌
말지만 고슴도치처럼 잘, 오랫동안 하는 포유동물은 없어. 녀석이
몸을 공처럼 말고 있으면 호랑이도 감히 건드릴 생각을 못해. 몸을
돌돌 말고 천적이 지나가길 기다려!
휴!

이제 정말 자러 가야 해.
벌써 11월이야!

고슴도치는 몸을 공처럼 말고 겨울잠을 자.
표면적을 최대한 줄이는 거야.

달력도 없는데 고슴도치는 11월이 된 걸 어떻게 알까?

낮의 길이가 점점 짧아지는 것을 보고 고슴도치는 겨울잠을 자러 가.

낮의 길이가 고슴도치의 달력이야.

겨울잠을 잘 때 고슴도치의 체온은 주변의 온도에 맞춰 점점 내려가.

고슴도치의 체온은 35도인데, 겨울잠에 들어가면 5도까지 서서히

체온을 내려. 꼼짝도 하지 않고, 심장 박동이 느려지고, 산소를 거의

쓰지 않고, 에너지를 99퍼센트 절약해.

주변 온도에 따라 체온이 변한다니! 그건 파충류잖아! 그럼

고슴도치가 파충류라는 거야? 그럴 리가! 고슴도치는 누가 뭐래도

진정한 포유동물이야. 새끼를 낳아 젖을 먹여 기르잖아?

포유동물은 추운 곳에서나 더운 곳에서나 늘 똑같은 체온을 유지하는

능력 덕분에 파충류를 제치고 지구의 모든 곳에서 가장 번성한 종이

되었어. 하지만 그러기 위해 먹이를 아주 많이 먹어야 한다는 게

문제야. 체온을 유지하는 데 에너지가 너무 많이 들기 때문이야.

움직이는 데 쓰는 에너지보다 체온을 유지하는 데 쓰는 에너지가 더

많아. 하지만 고슴도치는 다른 전략을 택했어. 포유동물이면서 스스로

체온을 오르락내리락 할 수 있게 말이야. 파충류는 스스로 그렇게

하지 못해. 바위처럼 그저 주변의 온도에 따라 식었다 더웠다 할

뿐이야. 고슴도치는 스스로 체온을 조절해. 고슴도치가 어떻게 그렇게

할 수 있는지는 아직도 미스터리야.

겨울잠을 잘 때 고슴도치는 무슨 꿈을 꿀까?

이듬해 3월이 되면 고슴도치는 잠에서 깨어나. 체온이 다시 서서히
오르기 시작해. 그 자리에서 일어나 마치 아무 일도 없었다는 듯이
먹이를 찾아 숲속으로 달려가.

녀석의 눈은 작고 퇴화되어 시력이 형편없어. 하지만 청각과 후각은
뛰어나서 먹이를 잘도 찾아내. 주로 밤에 사냥을 하는데 흘긋 보고
지나가기만 해도 뾰족한 코와 촉촉한 콧구멍으로 알아채. 방금
지나간 게 지렁이인지 애벌레인지 거미인지, 자기가 제일 좋아하는
딱정벌레인지!

고슴도치는 1년 가운데 반을, 고슴도치 인생의 절반을 차가운 땅에서
누워 보내는데도, 기억력이 사라지거나 몸이 전혀 약해지지 않아.
우리는 다리가 부러져 몇 달 동안만 깁스를 하고 움직이지 못해도
근육이 빠지고 약해지는데 말이야.

스스로 체온을 조절하고 겨울잠을 자는 능력 덕분에 고슴도치는 1500만 년 동안 살아남았어.

고슴도치의 모습은 1500만 년 동안 거의 변하지 않았다는 이야기야.
우리 인간은 2만 년 전에야 지금과 거의 비슷해졌는데 말이야.

돌고래를 타고 피리를 부는 소년

기원전 360~340년, 에트루리아 출토, 스페인 국립 고고학 박물관

돌고래

이건 최고로 오래된 그림들 중 하나야. 무려 2500년 전 항아리에
새겨진 그림이거든. 상상해 봐. 흙으로 빚은 항아리가 2500년 동안
남아 있는 거야. 오래된 유물을 볼 땐 경건해져야 해. 지금 우리가 쓰는
물건들 중에 무엇이 2500년 뒤에도 남아 있을까?
이 그림의 제목은 〈돌고래를 타고 피리를 부는 소년〉이야. 받침대가
있고 양쪽에 손잡이가 있는 아름다운 항아리에 그림이 액자처럼
들어가 있어. 그림을 그린 방법이 독특해. 인물과 도자기의 문양을
남기고 나머지 배경을 붓으로 까맣게 유약으로 칠했어. 보통 항아리는
아닌 것 같아. 어쩌면 그리스 신전에서 제사를 드리던 항아리였는지도
몰라. 피리를 부는 소년은 그리스 신화의 사랑의 신, 에로스일 거야.
피리를 불며 또 어떤 말썽을 피우러 가는 걸까?

그리스 신화 속에 돌고래가 등장하는 걸 보면 옛 그리스 사람들도
지중해에서 자주 돌고래를 보았던 것 같아. 돌고래가 아주
똑똑하다는 것도 알았을 거야.

항아리에 그려진 돌고래가 지중해 주변에 출몰하던 돌고래였는지
아닌지는 알 수 없어. 지금은 주둥이가 이렇게 생긴 돌고래가
지중해에 살지 않는다고 해. 돌고래들의 서식지가 바뀌었을지도
모르고, 어쩌면 그리스 사람들이 먼 바다에서 본 건지도 몰라. 그리스
사람들은 항해를 아주 잘 했거든.

고래는 너무 신비로운 동물이어서 우리가 결코 다 알 수 없을 거야.
고래가 왜 바다로 갔는지, 바다에서 고래가 우리에게 무슨 말을 하고
싶어 하는지!

고래가 바다로 갔다고? 그렇다니까!

**고래는 먼 옛날 땅에서 살았어. 네 발로 다니고 땅에서 새끼를 낳아 기르던
포유동물이야.** 먼 옛날 고래의 조상은 발굽이 2개인 우제목 동물들과
가까운 친척이야. 낙타, 사슴, 하마의 조상과 비슷했어. 5000만 년
전에 고래의 조상은 튼튼한 앞다리와 뒷다리가 있었고 물가에서 살며
물고기를 사냥했어. 하지만 지구의 환경이 변하는 동안 고래류는
차츰차츰 물속 생활에 더 알맞은 모습으로 변해 갔어. 콧구멍의
위치가 완전히 머리뼈 뒤쪽으로 옮겨가고 앞다리가 지느러미로
변했어. 뒷다리는 흔적만 남거나 완전히 사라졌어.

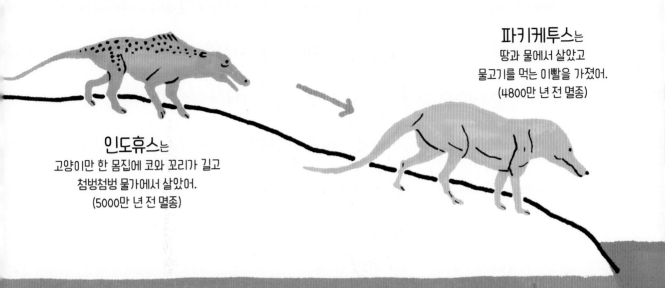

파키케투스는
땅과 물에서 살았고
물고기를 먹는 이빨을 가졌어.
(4800만 년 전 멸종)

인도휴스는
고양이만 한 몸집에 코와 꼬리가 길고
첨벙첨벙 물가에서 살았어.
(5000만 년 전 멸종)

화석으로 남은 원시 고래들이야.

로드호케투스는
콧구멍이 머리뼈 뒤로 가고
앞다리가 지느러미로 변했어.
(4600만 년 전 멸종)

도루돈은
지금의 고래와
가장 가까운 친척이야.
(4000만 년 전 멸종)

4000만 년 전에 고래류는 지구 전체로 퍼져 나갔어.
어떤 종은 멸종하고 어떤 종은 살아남아
2500만 년 전쯤 지금의 고래가 되었어.
이빨고래의 한 종류인 향유고래와
수염고래의 한 종류인 흰긴수염고래야.

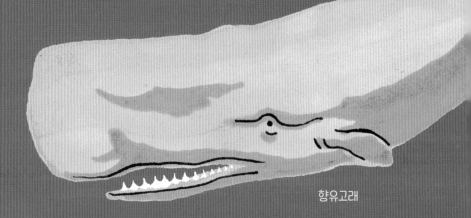

향유고래

흰긴수염고래

이빨고래부터 수염고래까지 고래의 크기는 천차만별이야. 세상에서
제일 커다란 고래는 흰긴수염고래인데 몸길이가 자그마치 33미터,
무게는 150톤이야. 대왕고래라고도 불리지. 제일 작은 고래는
바키타돌고래이고 몸길이 1.2미터에 몸무게 42킬로그램이야.
고래가 사는 방식도 다양해. 혼자 다니는 고래도 있고 수백 마리 수천
마리씩 떼를 지어 다니는 고래도 있어.
몸집이 작은 이빨고래들은 주로 무리를 지어 살아. 커다란 수염고래는
혼자 살아. 하지만 강돌고래는 이빨고래이면서도 혼자 다니고
혹등고래는 커다란 수염고래인데도 무리를 지어 다녀.
고래의 먹이도 다양해. 작은 플랑크톤부터 새우, 작은 물고기, 거대한
대왕오징어까지! 이빨고래는 주로 물고기와 오징어를 사냥하고
수염고래는 촘촘한 수염으로 작은 물고기 떼와 플랑크톤을 걸러 먹어.
거대한 수염고래가 그렇게 작은 플랑크톤을 먹는다니!
고래는 온혈 동물인데 차가운 물속에서 항상 체온을 유지하려면
먹이를 자주, 엄청나게 많이 먹어야 해. 대왕고래는 자기 몸무게보다도
1.5배 많은 물을 한꺼번에 들이키며 먹이를 섭취해.
고래가 먼 옛날 육지에 살았다는 걸 알 수 있는 비밀이 있는데
고래에게는 아가미가 없어. 물고기는 아가미로 물에 녹아 있는 산소를
들이마시고 이산화 탄소를 내보내는데, 고래는 어떻게 하는 걸까?
고래는 아가미 대신 폐로 호흡해!

고래가 숨을 쉬어!

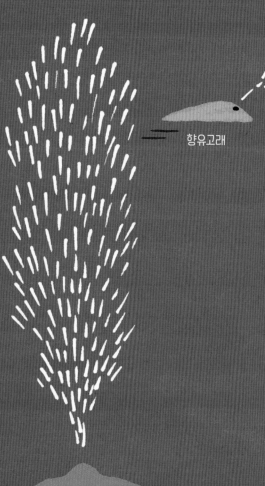

향유고래

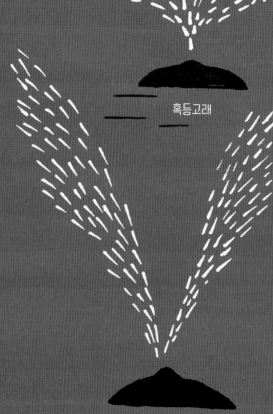
혹등고래

긴수염고래

북극고래

숨 쉴 때 고래마다 물 뿜기 모양이 달라.

고래는 먹이를 찾기 위해 물속으로 깊이 잠수해야 하지만, 가끔은
숨을 쉬기 위해 물위로 코를 내밀어야 해. 머리 위쪽에 코가 있어.
고래가 숨을 쉬려고 콧김을 내뿜을 때 폐에서 나온 이산화 탄소가
차가운 공기에 닿아 응결돼 하얀 물보라를 일으키는 거야. 바로바로
고래의 물 뿜기야! **고래마다 물 뿜기의 모양과 개수, 높이가 달라서**
멀리서도 어떤 고래 종인지 알아볼 수 있어.

고래는 2~3년마다 새끼를 낳고, 먹이를 찾아 머나먼 거리를 이동해.
어떤 고래들은 새끼를 안전하게 기를 수 있고 먹이가 풍부한 바다로
지구 반대편까지 왕복해. 새끼 고래는 태어나자마자 헤엄을 치고
1~2년 동안 어미의 젖을 먹으며 엄청난 속도로 자라. 2~3년 동안 어미
곁에서 사냥과 무리 생활을 배워.

향유고래는 10년 넘게 어미와 함께 지내며 무리 생활을 해.

향유고래는 이빨고래 중에 가장 커다란 고래야. 옆에서 보면 머리가
커다란 화물 컨테이너처럼 네모나게 생겼어.

향유고래는 잠수 능력이 대단해! 2시간 동안 숨을 쉬지 않고 수심
2000미터 아래까지 잠수해. 바다 깊은 곳에서 오징어와
대왕오징어를 먹어.

향유고래는 바다에서 최상위 포식자이지만 이따금 범고래가 새끼
향유고래를 위협해. 어린 향유고래는 아직 바다 깊은 곳까지
잠수하지 못하기 때문에 수면 가까이에 있다가 공격을 당해.

향유고래가 무리를 지어 새끼를 보호해!

어른 향유고래들이 새끼를 한가운데 두고
일제히 꼬리를 바깥쪽으로 향한 채 새끼를 둘러싸.

사람들이 바다에서 가장 많이 보는 고래는 돌고래야. 크기가
1.2미터인 작은 돌고래부터 길이가 9미터인 범고래까지 40여 종류의
돌고래가 있어.

돌고래는 수면 가까이 살면서 자주 물위로 펄쩍펄쩍 뛰어올라.
'돌고래 점프'로 헤엄칠 때보다 빠른 속도로 에너지를 덜 들이고
멀리까지 가려는 거야.

돌고래는 박쥐처럼 초음파를 발사해. 초음파가 되돌아오는 것을 감지해
먹이를 찾아. 돌고래가 헤엄치는 거대한 수조에 콩알만 한 물체를
떨어뜨려도 돌고래는 소리를 듣고 위치를 알아내. 심지어 그게
고무인지 플라스틱인지도 구별해.

돌고래는 초음파뿐 아니라 휘파람 소리, 끽끽 소리, 컹컹 소리를 내며
서로 의사소통을 해. 콧구멍 속 주머니에서 소리가 나와! 수족관에
갇힌 돌고래는 늘 높은 휘파람 소리를 내면서 살아. 애타게 동료를
부르는 소리야.

돌고래 쇼는 재미있어. 돌고래는 지능이 높고 아주 잘 배우지만,
돌고래는 바다에 있을 때 가장 행복해. 동물원에서 바다로 되돌아간
남방제주큰돌고래처럼 말이야.

바다로 되돌아간 '제돌이'와 친구들 덕분에 제주 앞바다에 돌고래가
늘고 있다는 소식 들었어?

군선도

김홍도, 1776년, 국보 139호, 삼성 문화 재단

삼성 미술관 Leeum 제공

박쥐

허걱! 이번에는 아주 커다란 그림이야!

화가 김홍도가 여덟 폭의 기다란 병풍에 그렸어. 벽에 서 있는 병풍을 상상하며 그림을 봐. 제목이 〈군선도〉인데, 박쥐 1마리가 그려져 있어. 보여? 흰 당나귀를 거꾸로 타고 가는 백발노인의 어깨 위에 박쥐가 날고 있어! 여기에 그려져 있는 사람들은 모두 신선들이야. 지금 신선들의 나라에 잔치가 열려서 강을 건너는 중이야. 3000년에 한 번 꽃이 피고 또 3000년이 지나서 열매를 맺는 복숭아가 열려서 신녀님이 잔치를 벌였거든. 도교의 전설에 따르면 박쥐가 500살을 살고 죽으면 하얗게 변하는데, 흰 박쥐의 영혼이 환생해서 신선이 되었다지 뭐야. 그래서 이 신선의 옆에는 꼭 박쥐를 함께 그려 주는 거래.

하하, 재미있는 전설이지 뭐야. 옛날에도 사람들은 박쥐를 영물로
여겼나 봐. 하지만 기이한 생김새 때문에 오해도 많이 받아.
눈먼 박쥐가 사람의 머리에 들러붙어 피를 빨아먹는 사악한
괴물이라고 말이야.
하지만 1000종이 넘는 박쥐 가운데 흡혈박쥐는 겨우 3종뿐이야.
남아메리카 열대 우림에 살고 동물이나 새의 피를 먹어. 이빨로 살짝
상처를 내고 긁힌 상처에서 한 티스푼쯤 피를 핥아먹어. 정작 물린
동물은 눈치채지도 못할 정도야.
흡혈박쥐는 피만 먹고 사는데, 사실 피는 에너지가 너무 낮은
음식이어서 이틀 동안 먹지 못하면 죽어. 그래서 피를 목 근처에 모아
두었다가 다른 흡혈박쥐에게 주기도 해.
지구의 포유동물이 모두 5800여 종인데, 그중에 박쥐가 1300종이야.
포유동물 5종 중에 1종이 박쥐라는 거야!

박쥐는 아주 작은
포유동물이야.

가장 큰 박쥐의 몸무게가 1.25킬로그램 정도이고, 가장 작은 박쥐는
겨우 2~3그램이야.

박쥐는 정말 특이하게 생겼어!

얼굴은 네 발 짐승의 얼굴인데, 다리는 4개가 아니야.
새라면 날개에 깃털이 있어야 하는데, 깃털이 없어.
얇은 막 같은 날개가 고무처럼 매끈해.

박쥐는 하늘을 날아다니는 포유동물이야! 하늘을 나는 포유동물은 박쥐밖에 없어. 날다람쥐도 하늘을 날지만 박쥐처럼 진짜로 나는 게 아니야.

박쥐의 날개는 비막이라고 불러. 날다람쥐도 비막이 있지만 날다람쥐는 비막으로 공기를 이용해 위에서 아래로 활공해. 박쥐는 제 힘으로 스스로 하늘을 날아.

날 수 있는 능력 덕분에 박쥐는 지구에서 가장 번성한 종이 되었어. 온대 지역과 열대 우림, 사막, 초원, 시골, 도시…… 북극과 남극을 빼고 거의 모든 곳에 박쥐가 살아.

박쥐는 낮에 동굴에서 쉬고, 밤에 사냥을 해. 5000만 년 전 박쥐가 출현했을 때 새들과 경쟁하지 않으려고 택한 전략이야. 박쥐는 낮 동안에 동굴 천장이나 나무에 거꾸로 매달려 완벽하게 휴식을 취해. 박쥐가 왜 거꾸로 매달리는지 알아? 사실은 다리 힘으로 자기 몸무게를 지탱하고 똑바로 설 힘이 없기 때문이야. 날기 위해서 다리의 무게를 줄이는 쪽으로 진화해서 다리뼈가 아주 앙상하고 약해졌거든. 하지만 발가락에 날카로운 갈고리발톱이 있어서 천장에 매달리기 쉬워. 겨울에는 이렇게 동굴 천장에 붙어 몇 달씩 겨울잠을 자. 체온을 유지하려고 수많은 박쥐들이 어깨를 나란히 붙이고 무리를 지어 잠을 자. 몸집이 조그만데도 박쥐는 아주 오래 살아. 어떤 박쥐는 30년까지 살았어!

안녕!
우리나라에 사는 박쥐들이야!

관박쥐는
동굴 입구에 거꾸로 매달려 살아.
관처럼 생겼다고 관박쥐야.
동면을 할 때는 여러 마리가 모여
잠을 자기도 해.

토끼박쥐는
귀가 커서 긴귀박쥐라고도 불러.
멸종 위기 야생 생물 II급이야.
동굴 벽이나 바위틈에서 겨울잠을 자.

붉은박쥐는
몸통이 오렌지색이어서
별명이 황금박쥐야.
멸종 위기 야생 생물 I급이야.

집박쥐는
굴에는 들어가지 않고
사람이 사는 집 근처에 살아.

하지만 날아다니는 포유동물로 산다는 건 여간 힘든 일이 아니야. 에너지 효율을 생각하면 가장 값비싼 방식인걸. 낮 동안 에너지를 거의 소비하지 않고 쉬기만 하는 데도 밤에는 먹이를 엄청나게 많이 먹어야 해. 박쥐 1마리가 하룻밤에 모기 같은 곤충을 3000마리 먹어야 한다면 믿을 수 있겠어? 하루 저녁에 자기 몸무게의 절반을 먹어야 한다니까! 네가 하루에 감자를 20킬로그램을 먹어야 한다고 상상해 봐!

과일박쥐는 열매와 꽃, 꽃꿀, 꽃가루를 먹지만 대부분의 박쥐가 곤충이나 벌레를 잡아먹어. 종에 따라 거미, 도마뱀, 작은 새, 개구리, 쥐, 전갈, 물고기를 먹기도 해.

사냥할 때 박쥐의 비행 솜씨는 놀라워. 방향을 마음대로 바꾸고 가느다란 나뭇가지 사이도 민첩하게 날아다녀.

사실 박쥐는 날개가 아니라 손으로 나는 거야! 박쥐의 뼈를 봐. 박쥐의 손은 발과 생김새가 전혀 달라. 손가락 4개가 매우 길게 늘어나 있고, 거기에 얇은 피부막이 덮여 있어. 실핏줄이 다 보일 만큼 얇은 피부막이 팔다리와 옆구리에 연결돼 비막이 되었어.

엄지손가락 끝에는 작은 갈고리가 붙어 있어서 살금살금 움직일 때나 먹이를 다루기 좋아.

몸과 손의 비율에서 만약 우리의 손이 박쥐만큼 크다면, 우리의 손가락은 2미터가 넘고 뜨개질용 바늘보다 가느다랄 거야!

박쥐의 뼈는 이렇게 생겼어!

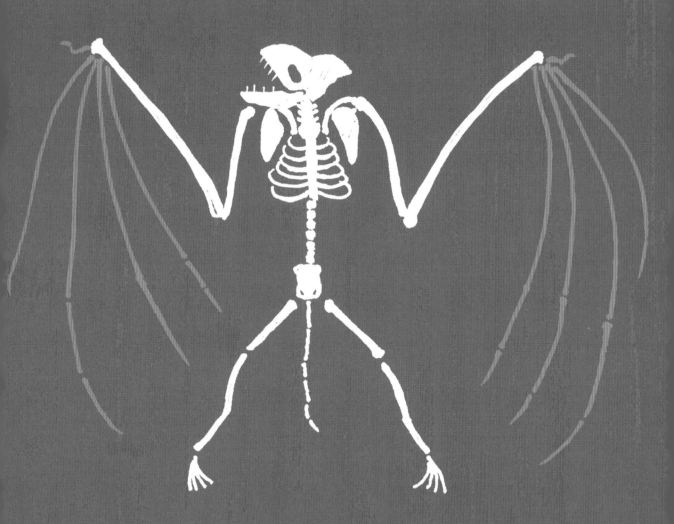

손이 아주 커!

박쥐는 귀로 '볼' 수 있어!

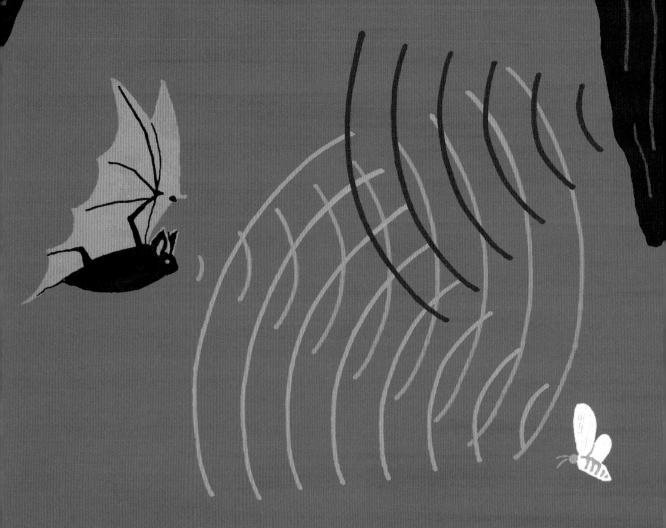

박쥐는 초음파를 내보내.
초음파가 물체에 닿아 되돌아올 때 위치, 크기, 방향을 알아내.

박쥐는 하루저녁에 40만 번 입과 코로 초음파를 내보내. 초음파로
어둠 속에서도 머리카락 굵기의 물체를 찾아내거나 피할 수 있어.
박쥐의 '찍찍' 소리는 록 밴드 소리보다 더 시끄러워! 그런데
주파수가 너무 높아서 우리 귀에는 전혀 안 들려. 하지만 그렇게 높은
소리라면 박쥐한테는 괜찮을까? 걱정 마. 날개를 펄럭일 때마다 제
귀를 막아서 귀가 손상되는 걸 방지해.

사람들은 박쥐가 전염병을 옮긴다고 싫어하지만, 그건 사람들의
잘못이야. 박쥐가 살아갈 숲을 파괴하고, 박쥐의 서식지가 점점
사람들이 사는 곳과 가까워져서 생긴 일이야. 박쥐는 병에 걸리지
않고 바이러스를 옮기는 중간 매개체일 뿐이라고 생각했지만, 박쥐도
병에 걸려. 흰 코 증후군이 겨울잠을 자는 박쥐를 덮쳐 박쥐들이
떼죽음을 당했어.

박쥐가 사라지면 큰일이야! 과일박쥐는 열대림에서 꽃꿀과 꽃가루를
먹으며 식물의 수분을 도와줘. 씨앗을 퍼뜨려 과일나무를 자라게 해.
열대림의 망고, 바나나, 복숭아, 용설란, 아보카도, 무화과나무는 박쥐
덕분에 가루받이를 해. 작은 박쥐들은 농작물에 해를 끼치는
곤충이나 유충을 엄청나게 먹어 치워. 박쥐가 사라지면 열대림이
황폐해지고, 농작물에는 살충제를 훨씬 더 많이 뿌려야 해. 또 박쥐
똥은 농작물에 좋은 비료가 돼. 자연에 없어도 되는 동물은 하나도
없어!

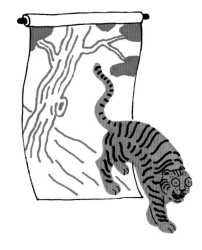

179

유리 드미트리에프 지음, 신원철 옮김, 《인간과 동물》, 한길사, 1994

베른트 하인리히 지음, 강수정 옮김, 《동물들의 겨울나기》, 에코리브르, 2003

스티븐 밀스 지음, 이상임 옮김, 《호랑이》, 사이언스북스, 2006

최태영, 최현명 지음, 《야생동물 흔적 도감》, 돌베개, 2007

제인 구달 외 지음, 채수문 옮김, 《인간의 위대한 스승들》, 바이북스, 2009

존 로이드, 존 미친슨 지음, 테드 드완 그림, 전대호 옮김, 《동물 상식을 뒤집는 책》, 해나무, 2011

최형선 지음, 《낙타는 왜 사막으로 갔을까?》, 부키, 2011

G.A. 브래드쇼 지음, 구계원 옮김, 《코끼리는 아프다: 인간보다 더 인간적인 코끼리에 대한 친밀한 관찰》, 현암사, 2011

짐 더처, 제이미 더처 지음, 전혜영 옮김, 《늑대의 숨겨진 삶》, 글항아리, 2015

애닐리사 베르타 지음, 김아람 옮김, 《고래: 고래와 돌고래에 관한 모든 것》, 사람의무늬, 2016

이배근, 김백준, 김영준 지음, 《한국 고라니》, 국립생태원, 2016

프란스 드 발 지음, 이충호 옮김, 《동물의 생각에 관한 생각》, 세종서적, 2017

김서형 지음, 《그림으로 읽는 빅히스토리》, (주)학교도서관저널, 2018

루시 쿡 지음, 조은영 옮김, 《오해의 동물원》, 곰출판, 2018

모토카와 다쓰오 지음, 이상대 옮김, 《코끼리의 시간, 쥐의 시간: 크기의 생물학》, 김영사, 2018

리자 바르네케 지음, 이미옥 옮김, 《겨울잠을 자는 동물의 세계》, 에코리브르, 2019

찰스 포스터 지음, 정서진 옮김, 《그럼, 동물이 되어보자》, 눌와, 2019

프란스 드 발 지음, 이충호 옮김, 《동물의 감정에 관한 생각》, 세종서적, 2019

국립생태원 엮음, 《멸종 위기 야생 생물 I》, 국립생태원, 2020

백한기 지음, 《잊혀져 가는 야생동물을 찾아서》, 해성, 2020